数学への招待

圏論の道案内

矢印でえがく
数学の世界

$f \circ a$ X
$\mathcal{B} \xleftarrow{\quad} \mathcal{A}$ a
$\quad\quad f$

西郷甲矢人・

技術評論社

目　　次

第1章　道案内の前に ———————— 3

第2章　圏 ———————————— 17

①圏の定義1：対象と射、域と余域 — 18

②圏の定義2：合成 ——————————— 22

③圏の定義3：結合律 ————————— 27

④圏の定義4：恒等射 ————————— 31

⑤圏の定義：完全版 ————————— 35

⑥圏の例1：前順序、半順序、全順序
　　　　　　　　　　　　　　　—————— 40

⑦圏の例2：モノイドと群 ————— 45

⑧圏の例3：集合圏 ————————— 50

⑨圏の例4：モノイドの圏 ————— 57

第3章　関手 ———————————— 61

①関手の定義 ——————————————— 62

②関手の例1：順序を保つ写像、
　　　　　反変関手・双対圏 ——— 69

③関手の例2：hom 関手 ——————— 73

④関手の例3：モノイド準同型(1) — 77

⑤関手の例4：モノイド準同型(2) — 82

⑥関手の例5：モノイド準同型(3) — 87

⑦関手の例6：線型表現(1) ——— 92

⑧関手の例7：線型表現(2) ——— 96

発展　⑨関手の例8：ホモロジー、
　　　ブラウワーの不動点定理 ——— 101

第4章　自然変換 ————————— 107

①自然変換の定義1 ————————— 108

②自然変換の定義2 ————————— 115

③自然変換の例1：前順序集合に
　　　　　関する例 ————————— 122

④自然変換の例2：hom 関手間の
　　　　　自然変換 ————————— 127

⑤自然変換の例3：米田の補題 —— 131

⑥自然変換の例4：単位系の変換 —— 136

発展　⑦自然変換の例5：絡作用素、
　　　ユニタリ同値、フーリエ変換 — 141

第3章・第4章のまとめ ————————— 146

第5章　普遍性 ————————— 147

①終対象と始対象 ————————— 148

②積と余積 —————————————— 154

③積関手 ——————————————— 161

④線型代数の土壌 ————————— 165

⑤極限と余極限の例 ————————— 172

⑥射圏、そして一般射圏 ————— 177

⑦極限、余極限の定義 ————— 182

第6章　冪：プログラムの本質 —— 189

①冪 ———————————————————— 190

② CCC ————————————————— 196

第7章　圏論的集合論 ————— 203

①トポス（topos） ————————— 204

②圏論的集合論 ——————————— 211

第8章　随伴 ———————————— 217

①積と冪との間の関係 ————— 218

②随伴 ———————————————— 225

第9章　モナド ————————— 233

①随伴からモナドへ ————————— 234

②モナドの定義 ——————————— 239

③モナドから随伴へ ————————— 243

④計算効果とモナドと Haskell —— 247

第10章　道案内の後に ————— 261

参考文献 ——————————————— 275

索引 ————————————————— 276

著者プロフィール ————————— 280

第 1 章

道案内の前に

私事にわたって恐縮であるが、著者のひとりである私（西郷）は道を聞かれることが多い。住んでいるのが京都であるせいもあって、日本のみならず世界から訪れる数多くの旅人に道を聞かれる。まあそれは地元だからいいとして、ポーランドでポーランド人にポーランド語で道を聞かれたのには閉口した。とりあえずは手持ちの紙に矢印を書いてなんとか道案内をした（つもりである）が。

　そして、道と並んでよく聞かれるのが「圏論」についての質問である。私は学生時代に偶然、圏論の創始者のひとりであるマックレーンの本『数学：その形式と機能』[*1] を読んで圏論なるものを知って以来、20 年近くファンではあった。また、一応専門と称している数理物理や量子確率論という分野で圏論を多少使うこともあるので、ポーランドでの道案内に比べればまだマシではある。しかし、圏論自体の研究者でもなければヘビーユーザーですらないので、「なぜ私に聞くのだろう？もっとちゃんとした人に聞けばいいのに」といつも思いながら、答えられる限りのことを答えてきた。聞かれたらつい答えようとしてしまう人間なのである。

　とはいえ最近、圏について聞かれる頻度があまりに増えたので、そろそろ「私は何も知りません」と言って圏論の道案内役からは足を洗う決心をし、実行に移しかけていた。ところがちょうどそのとき、「最近みんなが圏論圏論ってうるさくって、どうも流行っ

[*1] ソーンダース・マックレーン著，彌永昌吉監修，赤尾和男・岡本周一共訳，森北出版，1992

てるみたいなんだけど、西郷さん圏論って知ってる？」などと聞かれるに及んで、「みんなって誰？流行ってるって、どこで?!」とつい聞き返してしまった。プログラマや物理学者のあいだならわかるとして、認知科学系の研究者、人工知能の研究者、あるいは意識研究に関わる研究者（神経科学者から現象学者に至るまで多彩）など、圏論とそれほど深い縁があるとは思えないような研究者たちのあいだでも「流行ってる」とのことなのである。

　それでハタと思いだしたのだが、そういえばそれらの分野の知り合いの研究者に圏論の宣伝をしてしまったのは他でもない、この私なのだった。何かといえば「それは、圏論の考え方を用いるといいんじゃないか」などということをつい繰り返し口走ってしまっていたのである。それが伝言ゲームのようになって、新しいタイプの「圏論クラスタ」が生まれてしまっていたらしい。さらに悪いことに、数年前に『圏論の歩き方』という本に執筆・登場してしまってもいたから、数学者以外の人々には「圏論自体の専門家」みたいに思われていてしまったようだ。どうりで圏論についてやたらに聞かれるわけである。

　私は途方に暮れた。自分で蒔いた種とはいえ、このままでは圏論の道案内をするだけで人生が終わってしまうではないか。それは困る。『圏論について語るときに私の語ること』みたいな本でも自費出版して、聞かれたら黙って差し出すといったような工夫をしなければならない。そう思っていたおり、技術評論社の成田恭実さんより圏論の入門書を書かないかとのメールを拝受。渡りに船とはこのことである。

とはいえ一人で本を書くなどというのは私にはまだまだ荷が重いので、道案内ならぬ道連れに、友人・能美十三を呼び出すことにした。彼とは『指数関数ものがたり』という微積分の本や『しゃべくり線型代数』という圏論的な線型代数の連載を一緒に書いてきた仲である。よく誤解されがちなので言っておくが、能美十三は実在する（ペンネームであって実名ではないが）。編集者の成田さんと三人でコーヒーを飲んだのだから間違いない。これは絶対に確かなことである。

しかし、「絶対に確かだ」などと言い始めるのはもちろん心が不安に満ちているからである（田口茂氏の名著『現象学という思考：＜自明なもの＞の知へ』[*2] を参照）。たしかに彼は（私と違って）〆切までにちゃんと原稿を仕上げてくる。メールを書いてもくる。一緒にワインだって飲む。だからまあ「能美十三」と仮に名付けられた誰かは、現象としては確かに実在するといっても過言ではあるまい。しかしそれにしても、なぜそれらの「能美十三」がすべて「同じ人間」といってよいのかと言われると不安になってくる。よく考えてみると、たとえ何人も替え玉がいたりはしないとしても、今回出会った能美十三は前回と細胞から何からすっかり入れ替わっているに違いないのである。人格だって多少は進歩するだろう（退歩もするだろうが）。

すると、私は常に「異なる『能美十三』たちの同じさ」について思考し続けているということになる。生活を続けていくだけで

[*2]　田口茂著，筑摩書房，2014

も大変なのに、こんな高度なことをやってのけるとは私はなんと偉大なのだろうか（思想信条の自由）。いや、能美だけではない、私だって昨日の私ではない。どのような意味で、昨晩眠り始めた私と今朝目覚めた私は同じなのであろうか。そもそも、いったい、「同じ」とはどういうことなのだろうか？

——と、こうしたいわゆる「哲学的」なことを真正面から科学のまな板に載せなければならないのが、たとえば昨今の認知科学や意識研究なのである（と私は勝手に思っている）。そして、そのような「哲学的」なことを科学的な議論のまな板に載せるためにこそ圏論は使えるはずだと私は思っているのである（そして、それを黙っていることができなかったので、こういう本を書く羽目に陥ったのである）。

というのも、本書をお読みになればだんだんとおわかりになる（といいなと切に思っている）ように、圏論とは「異なるものの間の同じさ」をシステマティックに扱う数学的な枠組みだからである。およそ数学というもの自体、異なるものの間の同じさの追求であるともいえるので、圏論を「数学についての数学」と思うこともできる。いやいや、それどころか、あらゆる学問、もっといえばあらゆる思考は「異なるものの間の同じさ」を扱うものなのだから、圏論は「ありとあらゆる思考の結節点」となるに違いない、というのが、私の考えていることなのである。

よく言われることであるが、学問や技術の進歩はその細分化をもたらしがちだ。けれども、我々は異なる宇宙に生きているわけではないのだから、それぞれの分野を常に有機的に結び付けてい

きたいものである。というのも、学問、芸術、教育、政治さらに
は経済にいたるまで、我々に無縁なものなど何ひとつ無いのだか
ら。

Homo sum. Humani nil a me alienum puto.
（ホモー・スム。フーマーニー・ニール・アー・
メー・アリエーヌム・プトー）

　私は人間だ。人間に関わることで私に無縁なものなど何ひとつ
無い──。ああ、テレンティウスの芝居のこの台詞は実に素晴ら
しい（こうした素晴らしい格言については、たとえば山下太郎
『ローマ人の格言88』*3 を参照）。いや、これはラテン語の本で
はなく圏論の本であった。とはいえそれほど脱線したわけでもな
い。かつてヨーロッパでは、ラテン語が「知識人の間の共通言語」
であった。いわば圏論はこれからの世界のラテン語なのである（と
今思いついた）。
　異なる分野で知識を融通しあえればどんなにいいだろう、と考
えるのは人間の自然な願望であろうが、それがいかに大変かは専
門家がいくらでも愚痴を言ってくれるだろう。なにしろ、私のよ
うな節操のない「プロ素人」を除けば、研究者というのは基本的
に人生の貴重な時間をなげうって一点集中的に研究するものであ
る。当然、「その分野固有のこと」に価値があると考える。自分

---

*3　山下太郎著，牧野出版，2012

の分野でアタリマエのことが他の分野で役立ったといっても、「それは良かったですねえ」くらいのものである。だから、そのアタリマエのことを専門外のひとに教えようなどとは普通思わない。異分野協働なんて、掛け声はきれいだけど「普通できるわけがない」というのである。しかし、もしかしたら圏論はそれをもっと容易にするかもしれない。実際、Baez と Stay は、圏論を物理・トポロジー・論理・計算の「ロゼッタ・ストーン」（同じ内容を古代エジプトの文字ヒエログリフを含む三つの言語で並べて書いた石、ヒエログリフ解読のカギとなったもの）になぞらえた[4]。私は、圏論は数理系諸科学のロゼッタ・ストーンどころの騒ぎではないと思っている。すべての学のロゼッタ・ストーンになるはずだと思うのだ（思想信条の自由）。では、いち数学理論ごときがなぜそれほどのものであると私は思うのか。理由は以下の通りである。

　圏論の第一の主要概念は（もちろん）「圏」であり、圏というのはいわば「合成可能な矢印のシステム」であるのだが（第2章で定義する）、考えてみれば、人間の思考というのはまさにそういうものである。たとえば、「矢印さえあれば道案内ができる」のはなぜかを考えてみればよい。学問とは、それを虚心坦懐に見れば、「合成可能な矢印のシステム」と考えることができるだろう。なにしろ学問体系というのは壮大な道案内にすぎないではないか。その道案内のシステムどうしのあいだに、もし構造的な対応

---

[4] Physics, Topology, Logic and Computation: A Rosetta Stone, in New structures for physics, Bob Coecke ed., Springer-Verlag,Berlin Heidelberg,2011

があるとすれば、それは非常に根拠のある「アナロジー」ということになる。そして、個々のアナロジーだけでなく、それらの「アナロジーの間のアナロジー」が捉えられたとき、異分野協働が単なる題目以上のものとなるのである[*5]。ちなみに、「アナロジー」は圏論の第二の主要概念である「関手」（第3章で定義する）であり、「アナロジーの間のアナロジー」は圏論の第三の——そして最重要の——主要概念である「自然変換」（第4章で定義する）として捉えることができる。

　というわけで、本書は読者に「圏」「関手」「自然変換」の三題噺をわかってもらう——いや、それは無理でも、どうやらそれは大切なものであるらしいと感じてもらう——ことを目的に据える。なかでも「自然変換」の素晴らしさを伝えたい。私は数学関係者以外の人々に日本では（もしかして世界でも？）珍しいほど圏論の道案内をしてきたから断言してもバチは当たらないと思うが、圏論に興味を持った人がほぼ必ずつまずくのがこの自然変換である。

　圏というのはなんとなくネットワークのイメージでわかる（わかったつもりになれる）。関手というのもその間の対応付けだからわかる（わかったつもりになれる）。で、そこまでで「なんだ圏論なんてそんなもんか」と思い、「圏論なんて中身ないじゃん」と思ってしまう人のなんと多いことか。あるいはまた、「なるほ

[*5] 「良い数学者はアナロジーを見出す。偉大な数学者はアナロジーの間のアナロジーを見出す」とは偉大な数学者 Banach の言葉だそうである。Banach がそう言っていたと Ulam が書いていたのはどこかで読んだ記憶があるが（書名は失念してしまった）、それ以上の典拠はまだ知らない。

ど圏論、使えるかも」と思った人も、自然変換の理解を深めないままに圏論を応用しようとするから、なんとなくモヤモヤしたまま「圏論疲れ」してしまう。そうした残念なケースがなんと多いことか。まるで石清水八幡宮を拝みに出かけた仁和寺の法師のようだ（吉田兼好『徒然草』第52段より引用）：

仁和寺にある法師、年寄るまで石清水を拝まざりければ、心うく覚えて、ある時思ひ立ちて、たゞひとり、徒歩より詣でけり。極楽寺・高良などを拝みて、かばかりと心得て帰りにけり。さて、かたへの人にあひて、「年比思ひつること、果し侍りぬ。聞きしにも過ぎて尊くこそおはしけれ。そも、参りたる人ごとに山へ登りしは、何事かありけん、ゆかしかりしかど、神へ参るこそ本意なれと思ひて、山までは見ず」とぞ言ひける。少しのことにも、先達はあらまほしき事なり。

古文は読みづらいという読者のため、概略を翻訳するとこうなる：

ある人が、流行していると話題の圏論について何も知らなかったので、思い切ってひとりで圏論の本を少しずつ読んでみた。圏の定義や関手の定義を拝んで、「ああ圏論とはこういうものか」と得心して本を閉じた。さて、知り合いに会った時、「ずっと気になっていた圏論のことをついに勉強したよ。なるほど、聞きしに勝る尊い理論だった。それにしても、

圏と関手のあとに自然変換とかいうのが出てきて、これは何だろうって思ったけど、素人だし、圏論の基本概念を学ぶことが目的だからだと思って、自然変換の手前でやめにしたよ。」（圏論の初歩というような）少しのことにも、道案内はあってほしいものである。

というわけだから、私も石清水八幡宮の奥の奥までは知らないけれど、山の上が重要だくらいのことは知っているので、なんとか読者を自然変換のところまで道案内したいと思うのである。その山の上からみると、天下泰平の世は必ず来ると確信できる。

——まあもちろんそれは言い過ぎとしても、自然変換が重要なのはほんとうである。実際、圏論の創始者であるマックレーンは次のように言っている。

　　関手を研究するために圏を考え出したのではない。自然
　　変換を研究するためだったのだ。[6]

そう、自然変換という概念こそが、圏論のおかげで「はじめて」わかることなのである。よく、圏論でないとできないことはあるのかと聞かれる。現代はあまりにもせわしなく、よほど大切なこと以外は学びたくないというのも人情ではあるだろう。そのとき、「いや、何もありませんから、学ぶ必要ないです」と言い切

---

[6]　Saunders Mac Lane, "Categories for the Working Mathematician" (2nd ed.) ,Springer-Verlag,2013

れれば私としては楽なのであるが、それではあまりに圏論に申し訳ないのでついこう言ってしまう。「あります」。そして続ける。「自然変換という、それまでずっと縁の下の力持ちで目に見えなかった大切な概念を発見し、定式化し、活用することは圏論によってはじめてなされたのです」。そもそも自然変換という概念を理解しない限り、たとえば「モナド」というような概念を理解することもできない。そんなもの理解したって意味あるのかと言われそうであるが、この「モナド」とかいうやつがなんと計算機科学で重要らしく、プログラマたちのなかにも何となく学ばないといけないのかなという気運が高まっている、という次第なのである。

　どうだろうか。自然変換とは何か、ということはほぼ何も説明していないが、なんとなく大事そうな気がしてきただろうか。ここまで盛り上げておいて、「それが何か」は第4章までお預けということにする。第2章「圏」および第3章「関手」は、その第4章「自然変換」のための準備である。そしてその後の章は、ここから開ける地平を垣間見ていく。なお、第9章は先に名前をあげた「モナド」の話となっている。

　本書は基本的に前から読んでもらうとよいと思うが、読者の目的意識や背景知識によってお勧めの読み方が異なる。たとえば次の通り:

- 現代的な数学のスタイルになじみがない読者:2章①〜⑤、3章①、4章①と②をじっくり読み、その他は気軽に読む（眺める）。例などで、それ以前の章に出てくるものを取り上げ

ていることもあるが、そのときは該当箇所を探したりネット
検索をしてみたりすると良いかもしれない。

- 現代的な数学のスタイルにはなじみがあるが、圏論のことは
  よく（あるいはまったく）知らない読者：圏・関手・自然変
  換の定義のところを読んだのち、それ以外は「自分にとって
  はよく知っているような数学にも圏論的構造が隠れているこ
  と」を楽しむ。そして、興味に応じて他の章を読む。

- 圏論のことをよく知っている読者：「様々な背景知識の人々
  になんとか道案内しようとした」著者の苦労をあたたかくね
  ぎらう気持ちで拾い読みする。題材の配列や用語についての
  著者の工夫をしのびつつ、著者の能力の限界を憐れみ、でき
  れば自身がもっと優れた圏論の道案内役を買って出る。

　最後に注意を：普通でない用語法を使っていることがある。た
とえば 「可換モノイドのなす圏」という代わりに「量圏」、「等
化子」という代わりに「解」、「コンマ圏」のかわりに「一般射圏」
のように。定義の際にはいちいち断っているので、そちらを参照
してほしい。

　なぜそんな面倒なことをと思うかもしれないし、混乱を招くと
言われるかもしれない。そうした批判は甘んじて受ける。しかし、
初学者にとって聞いたことのない長い名前というのはしばしば理
解の妨げになるし、重要性を見くびらせるかもしれない。「圏
(category)」を「準亜群 (quasi-groupoid)」と名付けたり、「自然
変換 (natural transformation)」を「準 亜 群 準 同 型 間 準 同 型

(homomorphism between quasi-groupoid homomorphism)」と名付けるような愚行を避けた創始者たちの精神に敬意を表したいと思うのである。

　創始者たちのセンスの良さは、自然変換を「準亜群準同型間準同型」ではなくまさに自然変換と名づけたところに明らかに示されている。圏論に親しめば親しむほど、たしかに「自然変換」という名はこの概念に似つかわしいと気づく。本書を読了したとき、読者のなかのひとりでもそのことに賛同してもらえればこの本を書いたかいがあるというものであり、さらにまた、渓谷の声も山脈の色も、またそれを見聞きする自己も、みな自然変換を説いていたことにいつか忽然として悟ってもらえればそれに過ぎる喜びはない。

　さて、道連れの能美十三がやってきたようだ。

Memo

第2章

圏

① 圏の定義1：対象と射、域と余域

西郷＜まず手始めに、「圏」の定義をしたい。「圏とは何らかの条件を満たす何かである」というのが定義になるわけだが、「何らかの条件」とは何なのか、ということを一歩一歩確認していこう。圏（category）とは、**対象（object）と射**（arrow, morphism）とからなるある種のシステムだ。

能美＜なんだ、その「対象」とか「射」とかいうのは。

西郷＜これを言ってしまうとまた君を混乱させてしまうのではないかと心配で微笑みそうになるのだが、これから説明していく「圏の公理」を満たしている限り何でも良いんだ。

能美＜何でも良いと言ったって、どんなものなのかのイメージくらい言ってもらわないとな。

西郷＜イメージ的にいえば、射というのは何らかの「矢印」のようなもので、対象というのはその根元や先端になるもの、つまり「何とかから何とかへの矢印」というときの「何とか」のようなものだ。

能美＜ますますわからん。例を挙げてもらわないと。

西郷＜まずは「状態変化」という例を取り上げよう。状態変化とは、もちろん何かがある「状態」から別の「状態」に変化することだ。酒が熱燗になったり人肌燗になったり飛切り燗になったりというような例を考えるだけでも、状態変化が状態から状態への「矢印」みたいなものだというイメー

ジは湧くだろう。

能美＜状態変化といっても、酒が勝手に熱燗になってくれるわけではない以上、その背後には燗をつけるという操作があるな。「操作」も射と捉えられるのか？

西郷＜その通りだ。変化や操作といった、動的な「矢印」が射のイメージなんだ。

能美＜動的な矢印か。だが数学というと一般には「静的」なイメージが強いのではないか。もちろん微分方程式やアルゴリズムなど動的なイメージの強い概念もあるけれども、何か「時間的な変化」にからんだものでないといけないのか？

西郷＜いや、そうである必要はない。後で見るように、「順序関係」なども射と考えることができる。これから述べていく「圏の公理」をみたしさえすれば、「二つのものの間の向きのある関係」を射と見ることが可能なんだ。ただ、逆に言えば、そうした静的に見えるもののうちにある「動的」な側面を強調するのが圏論ともいえる。たとえば、「矢印としてみた順序関係」は、「より〇〇なものを考える」といった非常に動的な概念としても捉えられるわけだから。

能美＜まあ、たしかに矢印というのは面白い記号だな。それ自体は止まった図形に過ぎないのに、どこかしら動きを感じさせる。道案内もこれさえあれば人を動かせるわけだし。

西郷＜その通りだ。そうした矢印の本質を、射という数学的概念として定式化していこうというわけなんだ。数学関連で射の他の例をもう一つ挙げるとすれば、「証明」があるな。

このとき対象は「命題」だ。証明というのは何らかの命題から別の命題を導くことだから、矢印と考えるのは自然だろう。

能美＜「命題と証明」が例なんだったら、当然「マクロとプログラミング」とかでも良いんだろうな。

西郷＜そうだ。さて、先程の条件をより数学的に述べれば次の通りだ：

定義 2.1

どんな射に対しても、域（domain）と呼ばれる対象と余域（codomain）と呼ばれる対象とがただ一つ存在する。射 f の域が A、余域が B であることを

$$B \xleftarrow{\quad f \quad} A$$

と書き、「f は A から B への射である」という[*1]。また射 f の域を $\mathrm{dom}(f)$、余域を $\mathrm{cod}(f)$ と記す。

能美＜まあ、対象と射とが何でも良いとはいえ、最低限それらの間にこういったつながりがないといけないということだな。

西郷＜わかったようなことを言うじゃないか。数学的に非常に正しい態度だ。次は「射の合成」の話に移ろう。

[*1] ちなみに「A から B の射」の描き方は、B が必ず A の左にこなくてはならないというものではなく、右でも上でも下でも斜めでも良い。それに矢印だって多少曲がっていても構わない。

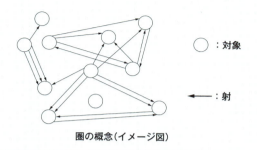

圏の概念(イメージ図)

"対象"や"射"は"圏の公理"を満たせば「何でもよい」

「f は対象 A から対象 B への射」

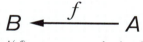

$B = \mathrm{cod}(f)$
「B は f の"余域"」

$A = \mathrm{dom}(f)$
「A は f の"域"」

任意の射に対し（どんな射に対しても）その"域"となる対象と"余域"となる対象がそれぞれ一意に存在する（「ただ一つ定まる」）。

② 圏の定義 2：合成

西郷＜ここでは「射の合成」の話をしよう。先ほど状態変化を射の例として考えたが、そのさらに特殊な場合として、場所の移動について考えるとしよう。たとえば、居酒屋で食事を終えたあとの帰り道で、コンビニに寄る場合を考えてみてほしい。

能美＜すると対象が「居酒屋」、「コンビニ」、「自宅」といった場所、射は「移動の仕方」でいいのか。

西郷＜まあそれでいいだろう。もちろん、「移動の仕方」というのをどのレベルの細かさで言っているのかは注意する必要がある。細かく言えば、居酒屋からコンビニへの移動の仕方は毎回異なる。厳密にまったく同じように移動することなんてできないからな。

能美＜それはまあそうだ。完全に同じ歩数で到達することもないし、千鳥足の仕方はランダムに揺らぐだろうし。

西郷＜そうだ。しかしまあ、普通はそこまで区別しない。「大体同じような移動」の仕方は「同じ」と見なすわけだ。これはもちろん場所の移動の話に限らず、状態変化一般について重要なポイントだけれども。ただまあ、いろいろな「移動の仕方」や「状態変化」をどの程度区別するかをここで論じようとするのではない。ともかく、移動の仕方について一応何らかの「同じさ」が与えられている、つまり射の

等しさは一応与えられているとしよう。

能美＜つまり、射についての等号「＝」は与えられているとするのだな。で、だから何だというんだ。

西郷＜うん、これから「合成」ということを説明しようとしていたんだ。居酒屋からコンビニへのある移動の仕方 f があるとし、コンビニから自宅へのある移動の仕方 g があるとしたら、当然にも、それらを「合成」した移動の仕方、つまり「f を行って g を行う」という移動の仕方が考えられるだろう。これを $g \circ f$ と書き、f と g の合成と呼ぶ。つまり「居酒屋からコンビニへの射」と「コンビニから自宅への射」から、その合成と呼ばれる「居酒屋から自宅への射」が得られるということだ。

能美＜なんだ、ややこしい。単に圏論の言葉で言い換えているだけじゃないか。

西郷＜単にもなにも、それこそ、つまり圏論の言葉で言い換えられるかどうかが重要なんだ。言い換えられるのなら圏論を適用する道が拓けるし、言い換えられないのならそれは圏論の適用範囲外ということだ。先ほど出した例だが、「命題と証明」を考えてみたまえ。

能美＜「命題 A から命題 B への証明」と「命題 B から命題 C への証明」から、「命題 A から命題 C への証明」を作れるかということか？それは作れるだろう。たんに二つの証明をつなげればいいじゃないか。

西郷＜その通りだ。それが証明の「合成」というわけだ。二つの

「矢印」をつないで一つの「矢印」を得ているわけだ。

能美＜なんだか当たり前のことを言っているように聞こえるなあ。矢印ならつなげるに決まっているじゃないか。

西郷＜そう聞こえるのは、君が批判精神に乏しく、日々を怠惰に過ごしているからだ。たとえば「人から人への友情」を矢印として書いてみたまえ。友人の友人がまた友人と言えるかというとそうとは限らないだろう。もちろん「間接的な友人関係」といったようなある種の関係はあるものの、「友情という矢印」があるとは限らないわけだ。

能美＜ほう、圏論をやっても人間関係が改善するわけではないんだな。

西郷＜圏論は万能でないから適用範囲に気を付けろと言っているだけだ。まあ圏論に限らずすべての理論について言えることだが。さて、今まで説明してきた「二つの矢印をつなぐ」ことを厳密に述べると次のようになる：

定義 2.2

射 f, g について、$\mathrm{cod}(f)=\mathrm{dom}(g)$ であるなら f, g の**合成** (**composition**) と呼ばれる $\mathrm{dom}(f)$ から $\mathrm{cod}(g)$ への射が一意に存在する。これを $g \circ f$ と書く。

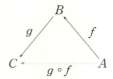

能美＜こう書いてしまうと、やはり当たり前というか、何が言いたいのかよくわからなくなるな。

西郷＜だからこそ、先程の「人から人への友情」のような反例を常に考えて適用範囲を見定める必要があるんだ。与えられたもので満足するな、反骨精神万歳だ。

能美＜わかったわかった、君がパブリック・エネミー・ナンバー・ワンで良いから少し落ち着いてくれ。

西郷＜何の話をしているんだね。しだいに明らかになってくると思うが、「合成」という操作が存在することによって、圏の射が「動的な矢印」として活躍していくことになる。

能美＜圏論に合成があって良かったな。

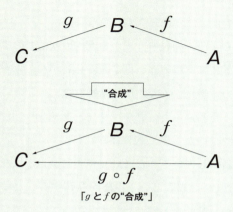

「g と f の "合成"」

$\mathrm{cod}(f) = \mathrm{dom}(g)$ を満たす任意の射 f と g に対して、"合成" と呼ばれる射 $g \circ f$ が一意に存在する。

- 公理を満たしさえすれば、"合成" の概念もまた「何でもよい」。むしろ、「合成の概念を定めることによって圏が定まる」。
- 合成の概念により、射は「単なる矢印」ではなく、いわば「動的な矢印」あるいは「はたらき」として活躍することになる。(これは、圏論の理解が進むとわかる)

③ 圏の定義 3：結合律

西郷＜射の合成を定義したから、合成できればなんでも良いわけ
　　　ではないという話をしよう。だがその前に、圏論といった
　　　らこれ、というほど頻出する「図式」というものを説明し
　　　ておくことにする。厳密に定義しようとするとなかなか奥
　　　深い概念なのだが、ひとまずは「対象と射の関係を図示し
　　　たものを**図式**（diagram）と呼ぶ」と捉えてくれ。

能美＜前節の定義内で使っていたものも図式の一例なんだな。

西郷＜もっと根本的な話をすれば、$B \xleftarrow{\quad f \quad} A$ だって図式だ。さ
　　　て、図式についての重要な概念として「可換性」がある。

能美＜可換性か。文字通り読めば「換えることが可能」という性
　　　質のことか。図式の何が取り換えられるというんだ。

西郷＜とりあえず定義してから説明を加えてみよう。

定義 2.3

図式内に現れる射やそれらの合成として得られる射につい
て、域と余域とがそれぞれ等しい射が互いに等しいとき、
その図式は**可換**（commutative）であるという。

能美＜うん、見事にまったくわからん。

西郷＜だからこれから説明すると言っているだろう。まず、説明
　　　の前提として、よくある誤解を解いておく必要がある。そ
　　　れは、圏論の初学者の多くがなぜか思い込む「任意の対象

A, B について、A から B への射はないか、あっても一つ
だけだ」というやつだ。まあ、その「誤解」そのものの条
件を満たす圏も存在して「前順序集合」と呼ばれるのだが、
この概念については後で圏の例として取り上げる。しかし、
一般の圏に関しては、「対象 A から対象 B への射」は複数
あってよく、無限にあることもザラだ。それにしてもどう
してこういう誤解が生まれるんだろう。

能美＜たぶんあれだろうな。「数学は答えが一つでいいですね」
というよくある誤解のせいなんじゃないか。

西郷＜せっかく中学校で苦労して学ぶ二次方程式ですら、解が二
つあるというのにな。「ある条件をみたすものは普通複数
ある」ということを知ることこそ、二次方程式を学ぶ最大
の意義なのに。

能美＜へえ、そうだったのか。そんな話は初めて聞いた。

西郷＜私もいま思いついたところだから安心したまえ。話を戻す
と、域と余域がそれぞれ等しい射が複数ありうるわけだか
ら、一般の図式においては、図式内に現れる射やそれらの
合成として得られる射について、域と余域とがそれぞれ等
しくても、射が互いに等しいとは限らない。ところが、時
にそれが成立する場合があって、これが可換図式だ。可換
図式においては、たとえ「道筋のたどり方」が一見全然違っ
ていても、出発点と終着点さえ同じなら、「実は互いに等
しい」となる。つまり互いに「言い換え」になっているわ
けだ。

能美＜なるほど、少しわかりかけてきたような気がする。

西郷＜またすっかりわからなくなる前に、圏の公理の一つであり可換図式の概念に関わる「結合律」を述べることにする。前節で述べた合成の概念を思い出そう。合成というのはあくまで二つの射に対する操作だから

$$D \xleftarrow{h} C \xleftarrow{g} B \xleftarrow{f} A$$

を合成する状況では、先に f, g を合成してから h を合成する方法と g, h を合成してそこに f を合成するという二通りの方法が考えられる。「結合律」と呼ばれる公理は、どちらの方法をとっても変わりがないことを保証する：

定義 2.4

射 f, g, h について、$\mathrm{cod}\,(f) = \mathrm{dom}\,(g)$ かつ $\mathrm{cod}\,(g) = \mathrm{dom}\,(h)$ であるなら $h \circ (g \circ f) = (h \circ g) \circ f$ である。言い換えれば

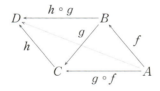

は可換である。この関係式を**結合律**(associative law)と呼ぶ。

能美＜要はこの公理があれば、合成の順序を「換え」てもいいということだな。心おきなく $h \circ g \circ f$ と書けるわけだ。

西郷＜その通り。ではいよいよ、圏の公理の最後の一つを述べよう。これも可換図式に関わるものだ。

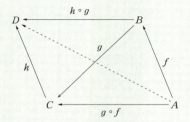

> $\mathrm{cod}(f) = \mathrm{dom}(g)$, $\mathrm{cod}(g) = \mathrm{dom}(h)$ となる任意の射 f,g,h に対して、$h \circ (g \circ f) = (h \circ g) \circ f$ が成り立つ。("結合律")

- 対象と射から構成されるシステムを一般に"図式"という。
- そこに登場する射やそれらの合成として得られる射に関して「域と余域がそれぞれ等しい射は互いに等しい」が成り立つ図式は"可換"であるという。("可換図式")
- 結合律：上の図式は可換である。

④ 圏の定義4：恒等射

西郷＜さあ圏の定義もいよいよ大詰めだ。ここでは圏の対象それぞれに対して存在する特別な射を定義する。射を「操作」と捉えれば、これは「何もしない射」といえる。「何もしない」ことも一つの「操作」と考えることができるからな。

能美＜ほう、何もしないことにかけては僕も自信があるぞ。会社では常に何もしないことに全力を注いでいるからな。

西郷＜そうか、それは良かったな。何もしない人間に会社員としての価値があるかどうかはともかく、この「何もしない射」には特別な価値がある。たとえば本を裏返したとき、もう一度裏返せば元に戻る。数に1を足したあと1を引けばやはり元に戻る。これらの例を「操作」の合成とみなせば、合成の結果、「何もしなかった場合」と同じものになるということだ。つまり、ある操作に対する逆の操作というものを定義できるようになるんだ。

能美＜そう言われると何だか便利なもののように思えるな。

西郷＜具体的には次のように定義される：

定義 2.5

どんな対象 A に対しても、**恒等射**（identity）と呼ばれる特別な射 1_A がただ一つ存在し、余域を A とする任意の射 f、域を A とする任意の射 g に対して $1_A \circ f = f$ および

$g \circ 1_A = g$ が成り立つ。

言い換えれば

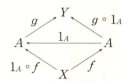

は可換である。これを**単位律**（identity law）と呼ぶ。

能美＜何と合成してもそのもの自身になるから、確かに「何もしない射」だな。だが、さっきの「居酒屋からの帰り道」の例でいくと恒等射は何になるんだ。

西郷＜「居酒屋からその居酒屋への移動の仕方」にも、いったん店を出て別の店に行って歌いながら戻ってくるなどいろいろあるだろうが「移動しない」という「移動の仕方」が恒等射だと考えればよいだろう。

能美＜そういう言葉遣いをしているから数学者は世間から信頼されないんだ。「移動しないこと」も「移動」だなんて。

西郷＜そういう頭の固いことを世間が言っているから０が不当な扱いを受けるんだろう。今からでも遅くはないから、西暦０年とか０月０日を導入すべきだ。

能美＜２０００年も使っているのに「今からでも遅くはない」とは何を言っているんだ。

西郷＜ふん、数学の話をしているのにそんな常識的なことを言うとは、君も見下げ果てた奴だなあ。ところで、恒等射の定

義にある「ただ一つ」というのは実は不要な条件だ。まあパズルみたいなものだと思ってくれれば良いが、x, y をどちらも恒等射だとして $x \circ y$ を考えると、x の恒等射としての性質から $x \circ y = y$ である一方で、y の恒等射としての性質から $x \circ y = x$ がわかるから、$x = y$ となる。さて、各対象に恒等射が紐付いているのだが、逆に恒等射に対して域、あるいは余域を考えれば元の対象となる。つまり対象とその恒等射とは一対一に対応しているわけだ。

能美＜ということは対象全体と射全体の一部との間に一対一の対応があるということか。

西郷＜そう、ラディカルに、この対応によって対象とその恒等射とを同一視してしまって、「対象とは射の特殊ケースだ」と考えても良い。

能美＜またもや「移動しないことも移動」と同じような話だな。ところで、この単位律にせよさっきの結合律にせよ、射の合成には「掛け算」や「足し算」といった「演算」のイメージが色濃くあるようだな。

西郷＜実際その通りで、数量やより一般に「代数」の領域にある諸概念は、圏の特別な場合である「モノイド」というものとして捉えられる。これについては後で例としてみることになるだろう。ただし、演算というと通常「どの二つのものについても行える」わけだが、射の合成の場合には「一方の余域が他方の域となっている場合」にのみ定義されていることに注意する必要がある。

能美＜これは、状態変化についての例を考えれば当然だな。

西郷＜さあ、これで圏の公理の各パーツを一応すべて述べたことになるから、全部まとめて見直そう。

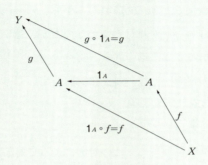

> 任意の対象 A に対し A の"恒等射"と呼ばれる射 1_A が一意に存在して、$\mathrm{cod}(f) = A$ および $\mathrm{dom}(g) = A$ となる任意の射に対し $1_A \circ f = f$ および $g \circ 1_A = g$ が成り立つ。("単位律")

- 単位律：上の図式は可換である。
- 恒等射すなわち「何もしない射」があることで、射の「可逆性」を考えられる。
- 対象とその恒等射は定義から「一対一対応」。
- 対象とその恒等射とを「同一視」することで、「対象とは射の特殊ケース」と考えてもよい。
- 圏の中心概念は対象よりむしろ射！

⑤ 圏の定義：完全版

西郷＜圏の定義について細かく見てきたからまとめて振り返ることにしよう。

能美＜まず何よりも、圏は「対象」と「射」とからなるシステムということだったな。射と対象とはそれぞれ「域」、「余域」の概念でつながっていた。

西郷＜射には「合成」という操作があって、二つの射を繋げて一つの射にできた。そしてこの操作は「結合律」という法則をみたさなければならない。また、各対象には「単位律」をみたす「恒等射」という特別な射が一対一に対応していた。それでこの「結合律」のところで、「合成の順番によらずに等しい」ということが条件になっているが、射の合成について解説したときに触れたとおり、圏では最低限「射が等しいとはどういうことか」を仮定しているということだ。ついでにいうと恒等射と対象とは一対一に対応しているから、これは対象の等しさについても含んだ主張になっている。

能美＜さっきからやけに「等しい」とか「同じさ」にこだわっているが、どうもあいまい過ぎて意味がわからないぞ。

西郷＜これもまた「盤石な構造」を築くための一歩だ。厳密な意味で完全に等しいものなんて現実世界にはないだろう？それでも我々は状況に応じて何らかの意味で「等しさ」を見

出して、日々の生活を営んでいる。

能美＜僕はそんなややこしい生活を営んでないぞ。

西郷＜それは君が私の話を注意深く聴いていないからだ。たとえばイヌとネコとは当然「違う」種族だけれど、「同じ」脊椎動物だ。

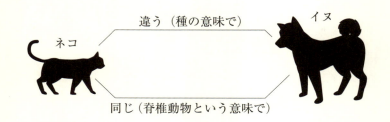

能美＜要はものごとをどう分類しているかということか。

西郷＜このことを考えれば、「カテゴリー」というのはつくづく良い名前だ。圏論を適用するときは、どういったレベルでの同じさを重要視するか、あるいは同じことだが、どの程度までの違いを無視するかという、いわば「解像度」の設定が重要になるといえる。さて圏を考えることのメリットだが、もちろん多くの数学的構造が圏を土台として構築できるということがあるのだが、重視したいのは次の二つの目的だ：

- さまざまな現象を「動的な矢印のシステム」として捉えるため
- 「異なるものの間の同じさ」を捉えるため

圏論は、これらに対する普遍的な枠組みを提供してくれる。一つ目について言えば、「状態変化」を図示するとき、我々は自然に「矢印」を描いていることを思い起こせば当然ともいえる。もちろんすでに述べた通り、「状態変化」を主体的に引き起こす場合には、この矢印を「操作」として考えることも可能だ。

能美＜ たとえばこんな感じだな：

$$\boxed{\text{生卵}} \xrightarrow{\ \ \text{加熱}\ \ } \boxed{\text{ゆで卵}}$$

西郷＜ まあそうだが、もっとましな例は思い付かなかったのか？ このあたりについては話を進めるうちにより理解が進むだろう。二つ目について重要な概念が「本質的な同じさ」を表す「同型」だ：

定義 2.6

対象 A から B への射 f が**可逆**（invertible）であるとは、対象 B から A への射 g で $g \circ f = 1_A$ かつ $f \circ g = 1_B$ をみたすものが存在するときにいう。このとき g を f の**逆射**（inverse）、あるいは単に逆と呼び、f^{-1} と書く [*2]。可逆な射を**同型射**（isomorphism）と呼ぶ。対象 A から B への射が同型射であるとき、A と B とは**同型**（isomorphic）であるといい、$A \cong B$ と書く。

[*2] 逆射は存在すればただ一つに定まる。

能美＜これのどこが「本質的な同じさ」につながるんだ？

西郷＜圏では対象の同じさが定義されていると注意したが、この「同型」という概念はこれより弱い同じさなんだ。これは射が圏の本質だという立場に立てばわかりやすいだろう。対象 A から B への射 f が同型射で、A には X から a という射が存在しているという状況を考えてくれ：

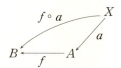

このとき、同型射 f を通じて、X から B への射 $f \circ a$ が存在する。逆に、もし別の対象 Y から B への射 b があれば、Y から A への射 $f^{-1} \circ b$ が存在する。

能美＜同型を通じて、周りの対象との関係性が伝播しているわけか。

西郷＜さらに、圏論ではよく出てくる状況だが、「X から A への射がただ一つ存在する」というような場合、やはり同型射を通じて「X から B への射がただ一つ存在する」ことがいえる。正に君の言うとおり、周りとの関係性がそのまま保たれているということで、両者は同じ「立場」にあるといえ、これが先程から言っている「本質的な同じさ」の意味だ。

> **定義**（圏）：" 対象 " および " 射 " と呼ばれる（それらの間の「等しさ」" = " を論じられるような）「何らかのものたち」について、" 域・余域 "、" 合成 " が定められ、結合律と単位律が成り立っているとき、このシステムを圏（category）と呼ぶ。

● 圏を考えるメリットは多々ある。「現代数学入門」に使えるというのも本書で示したいことの一つだが、最も重要なのは以下の二点：

1) さまざまな現象を「動的な矢印のシステム」として捉えるための普遍的な枠組みを与える
2) 「異なるものの間の同じさ」を捉える普遍的な枠組みを与える
   → 「同型」の概念を定義できる

> **定義**（同型射、同型）：対象 A から B への射 f が " 可逆 " であるとは、対象 B から A へのある射 g が存在して $g \circ f = 1_A$ および $f \circ g = 1_B$ が成り立つことをいう。可逆な射を " 同型射 " という。二つの対象の間にある同型射が存在するとき、それらの対象は " 同型 " であるといい、$A \cong B$ のように表す。

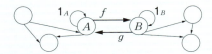

同型射との合成により、A の「立場」（その圏の任意の対象や射との関係）は B の「立場」と相互変換可能：同型は「本質的な同じさ」

⑥ 圏の例1：前順序、半順序、全順序

西郷 < 圏の定義についてざっと解説したから、さまざまなものごとをどうやって圏論の枠組みで捉えるかについて、例を通じて確認していこう。まず取り上げるのは**前順序集合**（preorder set）で、これは二つの対象の間に射が存在しないか、ただ一つしかないかという非常に単純な構造を持った圏だ。単純だからといってバカにしてはいけなくて、単純だからこそ、対象間に複数の射を持ち得る一般の圏を考える上で大いに参考になる圏なんだ。

能美 < そう言われてもなんのことやらよくわからないな。そもそも、それが「順序」とどう関係するんだ。

西郷 < この名前の由来は、射を、対象たちの間の「前順序関係」とみなせることからきている。厳密に**集合**（set）というのを議論するのはあとにまわすとして、ひとまず「集合とはものの集まりだ」と素朴に捉えてくれ。そして、集合のメンバーのことを**要素**（element）と呼ぶが、「あるものが考えている集合の要素であるかないかが判定できる」ということを押さえておけば大体問題ないだろう。さて、ある集合上の**前順序関係**（preorder relation）とは、集合の要素同士の間の関係「≦」で、次の条件をみたすもののことだ：

0. どんな a, b に対しても $a \leq b$ であるかそうでないかが決まる

1. $a \leq a$

2. $a \leq b$ かつ $b \leq c$ ならば $a \leq c$

そして、前順序関係の定まった集合を**前順序集合**（preorder set）と呼ぶ。見てわかる通り、数の大小関係は前順序関係の一例だ。ちなみに、集合の二つの要素の間の関係が条件 0 をみたすとき、これを**二項関係**（binary relation）と呼ぶ。

能美＜条件 2 なんかは、あからさまに射の合成のように見えるな。

西郷＜ちゃんと話を聴いているじゃないか。前順序集合の圏としての定義を念頭において、「$a \leq b$ である」ことを「$a \to b$ が存在する」と読み替えれば、対応はよりはっきりする：

$a \to b$ が存在し、$b \to c$ が存在すれば、
$a \to c$ が存在する。

条件 0 は「射がたかだか一つしかない」こと、条件 1 は恒等射に対応している。これらの対応をつぶさに調べて行けば、前順序集合の集合としての定義、圏としての定義はそれぞれ等しいことがわかる。

能美＜「順序」という身近なものもちゃんと圏論の枠組みで捉えられるんだな。

西郷＜君がどんな「順序」を思い浮かべているかは知らないが、数学的に定義されている順序は他にもある。実は先程例に挙げた数の大小関係はかなり厳しい制約を持った順序関係なんだ。まず、これまでの条件に加え

3. $a \leq b$ **かつ** $b \leq a$ **ならば** $a = b$

をみたすものは**半順序関係（partial order）**と呼ばれ、さらに

4. どんな a, b **に対しても** $a \leq b$ **であるか** $b \leq a$ **であるかが成り立つ**

ものは**全順序（total order）**と呼ばれる。

能美＜条件 4 は条件 0 と違うのか？

西郷＜条件 0 でいう「そうでない」は比較可能でないという場合を許しているが、条件 4 はどんな要素をとってきても比較可能だという極めて強い条件だ。たとえば集合の「包含関係」を考えると違いがはっきりする。また動物界の例を出すが、どんな哺乳類を考えても、それは脊椎動物だ。このように、集合 A の任意の要素が集合 B の要素であるとき、A は B の**部分集合（subset）**であるとか、A は B に**含まれる（included）**とか言って、$A \subset B$ と書く。もう少し数学的な例を挙げれば、自然数全体 $\mathbb{N}$ は整数全体 $\mathbb{Z}$ の部分集合で、$\mathbb{Z}$ は有理数全体 $\mathbb{Q}$ の部分集合、$\mathbb{Q}$ は実数全体

$\mathbb{R}$ の部分集合だ：

$$\mathbb{N} \subset \mathbb{Z} \subset \mathbb{Q} \subset \mathbb{R}$$

能美＜さっき君が言った「比較可能でない場合」というのは、哺乳類全体と爬虫類全体とを比べるときのようなものか。

西郷＜そう。これに比べて条件 4 は、等号を許した大小関係が必ず成り立つということを要請しているんだ。

能美＜そう言われてみると、全順序なんてものは数の例くらいしか思い付かないなあ。

西郷＜全順序というのは、データを管理する立場からすればこれ程便利なものはない。そういうわけで、そもそも人と人との間の関係などというものは前順序であるかも怪しいのに、簡単に扱えるからという理由で試験などで人の価値を数に置き換えて管理しているわけだよ。こういった体制には断固たるノォを突きつけていかねばならない。

能美＜また君はそのように安易に革命的思想をあらわにしてしまう。少しは落ち着きたまえ。

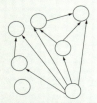

※恒等射は省略(対象と同一視)

二つの対象の間にたかだか一つの射しかない（射があっても一つしかない）圏を"前順序集合"と呼ぶ。

- 「前順序集合」は、より一般の（二つの対象の間に複数の射がある）圏を考える上でも大いに参考になる簡単な例。

- 名前の由来：射を、対象たちの間の"前順序集合"と思えるから。

- ある集合 X（ものの集まり）に、その要素（集合のメンバー）の間の二項関係≤が定められて、以下の二条件を満たすとき、≤を X 上の"前順序集合"という。

  1) $a \leq a$,

  2) $a \leq b$ かつ $b \leq c$ ならば $a \leq c$
  またこのとき集合 X を"前順序集合"という。

- "前順序集合"のこの定義は、実は上記の「圏としての定義」と同じ。

- なお、さらに

  3) $a \leq b$ かつ $b \leq a$ ならば $a = b$ なら"半順序集合"、そしてさらに

  4) $a \leq b$ あるいは $b \leq a$ が成り立つ（すべて比較可能）なら"全順序集合"という。全順序集合だけが「順序」ではない。（社会的にも重要！）

⑦ 圏の例 2：モノイドと群

西郷＜さて次の例は「モノイド」だ。これも定義は簡単だが、い
やだからこそさまざまなものごとの根底にある非常に重要
な概念だ：

定義 2.7

対象がただ一つの圏を**モノイド**（monoid）と呼ぶ。

誤解される前に注意しておくが、射の方はいくらあっても
構わない。

能美＜つまり、その一つしかない対象を A とおくとして、A か
ら A 自身への射がいくつもあるような状況を想定してい
るのか？

西郷＜そうだ。念のため言っておくと、恒等射も当然、それらの
射のうちの一つだ。モノイドにおいては恒等射は特に**単位
元**（unit）と呼ばれる。これは、射の合成を数同士の積と
対比させたときに、「恒等射との合成」が「1 との積」と
同じ作用を持っていることに由来する。

能美＜確かに単位律というのは、何と合成しても相手を変化させ
ないという条件だからな。

西郷＜それで、モノイドの重要な性質として、射を二つとってき
たとき、これらは必ず合成できるということが挙げられる。

能美＜圏の射は域と余域とが一致していれば合成できるのだか

ら、対象が一つしかないモノイドなら必然的にすべて合成可能になるわけか。

西郷＜例として、対象として自然数全体 $\mathbb{N}$、射としては自然数同士の対応を考えよう。たとえば、ある自然数に対して 1 を加えた自然数を対応させるというのはれっきとした射になる。これは別に 2 を加えるのでも 10 を加えるのでも良いんだが、「1 を加える」というのが最も基本的だ。0 から出発して繰り返していけばどんな自然数にも辿り着けるからな。どんな射も同じ対象に戻ってくるから、モノイドというのはこういう「繰り返し」をモデル化するのに適した概念だ。さらに先程も少し触れたが、「合成」を「二つの射の間の演算」だと幅広く捉えれば、「代数」と呼ばれるようなシステムは基本的にはモノイドなんだ。

能美＜射の合成を積と捉えると言っていた話か？単位元としての恒等射がある他にも結合律を満たしているし、確かに射の合成は積に似ているな。だが数の積と違って可換性は仮定していないんだな。

西郷＜可換性がかなり強い条件だということは、後々わかってくるだろう。さてモノイドに条件を一つ付け加えるだけで、かの有名な「群」が得られるんだ：

定義 2.8

任意の射が可逆なモノイドを**群**（group）と呼ぶ。

群は数学で最も有名な概念の一つだろうな。可逆な操作と

しては、前も触れたが本を裏返すことが挙げられる。他にものを回転させたりだな。

能美＜だが、それは可逆な操作なだけであってモノイドの射ではないだろう。同じものにならなければならないんだから。

西郷＜ほう、なかなか小賢しいことを言うではないか。確かに「本を裏返す」というのはモノイドの射の例としては相応しくないから、かまぼこ板あたりをひっくり返すことにしよう。

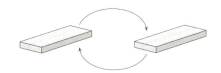

もちろんひっくり返したら違う面が上に出て同じ状態ではないのだが、「同じさ」というのを「見た目が同じ」ということにすれば良いだろう。

能美＜となると、回転の例だと時計回りに180度回転させたりすることが考えられるな。

西郷＜そうだな。このように「同じ状態に戻る操作はどのようなものがあるか」という問題は、考えているものの持つ「対称性」と深く関わっている、というかそのものとさえ言って良いだろう。群というのはこの対称性を考えるときに自然に表れる概念なんだ。

能美＜そういった複雑なものがあのように単純に定義されてしまうのか。

西郷＜「単純」とはいっても、通常の群の定義を分割して圏の公

理、モノイドの定義などに分担させているだけなんだが、どの条件がどう働いているかを見極めるには圏論的な定義の方がわかりやすいかもしれないな。ところで群からモノイドを通じた一般化を経て圏へ至る道筋が得られたことになる。

能美＜群の射の可逆性を落とせばモノイドになるし、圏とは対象が一つとは限らないシステムだからな。

西郷＜この一般化の順番を逆にして、群の対象をただ一つとは限らないものとしたシステム、あるいは任意の射が可逆である圏を**亜群**（groupoid）と呼ぶ。亜群は群ほどの知名度は持っていないものの、もちろん重要な概念だ。例えば、「集合を対象とし、一対一対応を射とする圏」を考えるとこれは亜群となる。これは、いわば「同じ個数」の集合どうしを行き来するネットワークだ。これこそが「個数による分類」そのものであり、数の概念を人が獲得する基盤でもある。一対一対応は集合圏（後述）の同型射だったが、一般にも「圏の同型射だけを考える」と亜群になる。

能美＜「同じもので分類する」働きのネットワークという感じか。分類あるところ亜群ありというわけだな。

対象がただ一つの圏をモノイドと呼ぶ（射のほうはいくらたくさんあっても構わない）。

- その対象と同一視される恒等射は"単位元"と呼ばれる。
- モノイドでは、任意の二つの射は合成可能。
- 「繰り返し」ということをモデル化できる。
  （例：周期運動、「かぞえる」…）
- 数量的なシステムや、より一般に「代数」と呼ばれるようなシステムは基本的にモノイド。
- 関連する概念に、"群"や"亜群"（下記）などが挙げられる。
- 任意の射が可逆なモノイドを"群"と呼ぶ。
- 群は数字でもっとも有名な概念の一つで、「対称性」を考えるとき自然に登場する。
- 任意の射が可逆な圏（対象はいくつあってもよい）を"亜群"と呼ぶ。「同値関係」の一般化でもあり、群ほど有名ではないが重要。

⑧ 圏の例3：集合圏

西郷＜ここでは集合圏 Set を取り上げよう。集合というのは、順序のところで紹介したように、とりあえずは「ものの集まり」で、「ものが要素として含まれるかどうかが判定できる」ような概念だとしてくれ。

能美＜「判定できる」というのはどういう意味だ？

西郷＜たとえば「偶数全体」というのを考えると、「1 は要素でない、2 は要素である」というように、どんなものをとってきても要素か否かが判定できる。この一方で「背の高い人全体」というような設定を考えると、「背が高いとはどういうことか」という曖昧さがあって、「身長 170cm の人」がこの条件を満たすかどうか人によって意見が異なるかもしれない。

能美＜じゃあ「平均身長以上」とでもすれば良い。

西郷＜そうするとちゃんと判定できるから「集合」として扱えるわけだ。

能美＜主観によらず、条件が論理的に定められていないといけないということか。

西郷＜実はこれでも不充分で、ちゃんとしているように見えても駄目だという例がある。有名な例は「ラッセルのパラドクス」として知られる「自分自身を要素として含まない集合全体」で、これが自分自身の要素であるとしてもないとし

ても矛盾が生じてしまう。

能美＜要素だとするとそもそも条件に反するな。一方で要素でないとすると、条件に合致してしまうから含まれざるを得ないわけか。

西郷＜まあこんな風に、素朴な「ものの集まり」という考え方だけでは色々と不都合が生じる。ここでは最低限「判定できる」という条件を加えたんだが、厳密にやると現代の集合論はもっと様々な公理の上に成り立っている。深入りはしないでおこう。さて集合圏 Set とは、集合を対象として集合間の写像を射とする圏だ。「写像」というのは、要素同士の対応のことだが、詳しくいうと集合 X から Y への写像 f とは、X の各要素 x に対して Y の要素 y をただ一つ定める対応のことだ。y のことは $f(x)$ と書く。また「x は f で y にうつる」という言い方もする。「集合 X から Y への写像 f」を表すために「$f: X \to Y$」と書く。

能美＜「ただ一つ」というのが、さっきの曖昧さの排除とつながっているな。

西郷＜そう、このことは写像を集合として定義するスタイルにつながるが、先へ進もう。定義の中には注意してほしい非対称性が二点あって、まず一つ目は、x の対応先は y しかないのだけれど、別の x' が同じ y にうつっても良いという点だ。つまり

$$f(x) = y = f(x')$$

という状況はあり得る。二つ目は、Xのすべての要素について対応先が決まるが、Yの要素についてはそうではないという点だ。これらの二点を含む例として、Xとして「2以上6以下の偶数全体」、Yとして $\{0, 1\}$ [*3]、fとして「2で割った余り」を考えると、次のような対応になる：

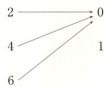

能美＜この場合だとYとして $\{0\}$ を考えれば二点目の非対称性は解消するんじゃないか。

西郷＜君の言うとおり、二点目については適当な部分集合をとることで解消できる。一点目については、36ページで触れた分類の考え方と深く関わっている [*4]。まあとにかく、以上の二点のためにXとYとは対等でないのだから、これらの状況が生じていないような写像を考えれば両者は対等だといえる。

定義 2.9

f, g は集合XからYへの写像とする。Xの任意の要素 x, x'

[*3] 要素を具体的に列挙する際の記法。この場合はYとして「0,1 だけを」含む集合を考えている。

[*4] 詳細は省くが、「2 で割った余り」を元にしてXを分類すれば、すべて同じ類に属するからYの0への重複した矢印は実質この類からの一つの矢印と思える。

について $x \neq x'$ ならば $f(x) \neq f(x')$ であるとき、f は**単射**（**injection**）であるという。Y の任意の要素 y に対して X の要素 x で $y = g(x)$ となるようなものが存在するとき、g は**全射**（**surjection**）であるという[*5]。

集合 X から Y への写像 f が単射でありかつ全射でもあるとしよう。このとき f は**全単射**（**bijection**）であるという。f が全射であることから、Y の任意の要素 y に対して、X の要素 x で $y = f(x)$ となるようなものがとれる。しかも f は単射だから、こういう x はただ一つに定まる。言い換えれば、Y から X への写像が定まったことになるわけだ。これを f の**逆写像**（**inverse**）と呼び、f^{-1} と書く。逆写像の重要な性質は、y から x へ f^{-1} でうつした後に f でうつすと y に戻ってくるということだ。さらに順序を逆にして、f でうつした後に f^{-1} でうつしても同じ X の要素に戻る。さて、この「写像を続けて適用する」ことを「合成」とみなすことで圏論的な見方が可能になる。

能美＜恒等射はこの「元に戻る」ことと対応しているわけか。

西郷＜集合 X についての**恒等写像**（**identity**）1_X を、任意の要素 x に対して $1_X(x) = x$ とすれば良いだろう。「逆射」は逆写像だ。f が全単射であるときに逆射が存在することがわかったことになるが、逆に、逆射が存在すれば写像の

[*5] この x はただ一つに定まる必要はない。

定義によって元の写像が全単射であることが明らかだから、集合圏における可逆射とは、全単射写像のことだ。このように「集合と写像」というのが圏の対象や射として連想しやすい例なんだが、あまりに連想しやすいのが欠点だ。

能美＜何を言っているのかわからんな。連想しやすいのなら良いじゃないか。

西郷＜圏のイメージがその一例である集合圏によって固定されてしまうと、後の圏論人生において自由度が少なくなってしまうことを懸念しているんだ。さて、全単射があれば集合は互いに「対等」なんだが、何が対等かというと個数の意味で対等だ。

能美＜すべての要素が一対一で対応しているんだからな。

西郷＜この「一対一の対応」というのは「数を数える」ということと密接に関係している。ものを「1, 2, 3, . . . , 10」と数えるとき、これは「1 から 10 までの自然数」から「目の前のものたち」への全単射写像を構成していると考えられる。

能美＜数え間違いや重複がない限り、確かにそう捉えられる。

西郷＜重複があると単射性がなくなってしまうから、通し番号のついたシールを貼っていくイメージの方が良いかもしれないな。何らかの自然数 n に対して、集合 $\{1, 2, . . . , n\}$ との間に全単射写像が存在する集合を**有限集合**（finite set）と呼び、そうでない集合を**無限集合**（infite set）と呼ぶ。

能美＜無限集合は「いつまでたっても数え終わらない集合」ということか。

西郷＜実は無限にもレベルがあって、有限集合における「個数」の概念を拡張した「濃度」の概念によって、「無限たちの間の大小関係」を調べることができる。シールを貼っていくイメージを使うと、シールが足らなかった場合、それは用意した枚数より多くのものがあったことに相当するから、「X から Y への単射が存在する」とき「Y の濃度は X 以上である」といい、全単射なら「濃度が等しい」という。この「濃度の等しさ」は有限集合の場合の「個数の対等さ」の拡張となっていることがわかるだろう。さてこうすると、たとえば「整数全体」と「偶数全体」とでどちらが「多い」かを比較できる。

能美＜明らかに前者は後者を含んでいて、しかも「奇数全体」をも含んでいるじゃないか。

西郷＜これが無限集合の興味深いところで、こういう真の包含関係があるにも関わらず「2 倍する」、「2 で割る」という全単射を構築できるんだ。したがって、包含関係の意味でいえば「整数全体」は「多い」んだが、濃度の意味でいえば両者は等しいことがわかる。まあ無限の奥深さについてはこのあたりにしておこう。

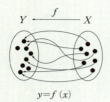

$y = f(x)$

> "集合"(「ものの集まり」)を対象とし、集合 X から集合 Y への"写像"(X の任意の要素 x に対して Y の要素 $y=f(x)$ をそれぞれただ一つ定める対応を X から Y への射とする圏を"集合圏"Set と呼ぶ。
> ※写像を"関数"とも呼ぶ。

- 合成は $(g \circ f)(x) = g(f(x))$ として定める。
- X から X への恒等射 1_X は $1_X(x) = x$ として定める。
- "集合圏"を「ある公理を満たす圏」と定義すれば、その対象としての"集合"や射としての"写像"を圏論的に定義することも可能。(第7章)

> Set における同型射は"一対一対応"。一対一対応は「"全射"かつ"単射"」と同じこと。そのため一対一対応を"全単射"ともいう。

全射

一対一対応(全単射)

単射

- Set における同型な二つの対象(集合)は、互いに"濃度"が等しいと言われる。「かずがおなじ」ということ(の「定義」)。
- "無限"を「かぞえる」:集合論の発祥

⑨ 圏の例４：モノイドの圏

西郷＜以前モノイドは「対象がただ一つの圏だ」と定めたが、詳しく掘り下げていこう。対象がただ一つしかないのだから、モノイドの構造は実質的には「射の集まり」によって決まっているといえる。そこでモノイドを「射の集まり」とみなしてしまえば、モノイドは集合と思える[*6]。したがって「モノイド間の写像」というものも考えられる。

能美＜モノイドを対象として、その間の写像を射とする圏を考えるのか？

西郷＜そのままでは単に集合圏の一部分を考えているだけになってしまってつまらない。もっとモノイドの構造を反映させたものでなくてはな。モノイドは圏だから射全体も単なる集合ではなく、「合成」という演算を備えたものになっている。

能美＜つまりモノイドとは、結合律をみたす演算。を備えた集合で、単位律をみたす単位元を要素として持つもの、とみなすということか。

西郷＜だから「射」としても単なる集合間の写像ではなくて、このモノイドらしさとうまく整合的なものを考えたい。それには合成操作、単位元が重要となる。

[*6] 厳密には「射の集まり」を集合として取り扱える程度の大きさの「小さな」モノイドを考える必要がある。

定義 2.10

モノイド M の合成を $\circ_M$、単位元を 1_M と表し、演算 $\circ_M$ を備えた射の集合と同一視する。また、射の集合を再び M として、モノイドを $\langle M, \circ_M, 1_M \rangle$ と表すこととする。集合としての写像 $f: M \to M'$ が**モノイド準同型**（monoid morphism）であるとは

● M の任意の要素 a, b について
$f(a \circ_M b) = f(a) \circ_{M'} f(b)$
● $f(1_M) = 1_{M'}$

が成り立つときにいう。

能美＜演算が保たれていて、先に計算してからうつしても、うつしてから計算しても同じということだな。

西郷＜そう、それがモノイドとしての構造を保つということだ。「指数関数」というのが重要な応用例として挙げられるだろう。「正の実数全体」を $\mathbb{R}_{>0}$ と表せば、指数関数とは、モノイド $\langle \mathbb{R}, +, 0 \rangle$ からモノイド $\langle \mathbb{R}_{>0}, \times, 1 \rangle$ へのモノイド準同型だ。

能美＜指数関数 f は、すべての実数 x について $f(x) > 0$ で、実数 a, b に対して $f(a + b) = f(a) \times f(b)$、さらに $f(0) = 1$ だから、確かにその通りだ。

西郷＜モノイド準同型が定められたから、これでモノイドの圏 **Mon** とは、モノイドを対象とし、モノイド準同型を射と

する圏のことだと定められる。射の合成や恒等射について
は集合圏 Set と同じ定め方にすれば良い。

能美＜「モノイド準同型」といっても元は集合間の射だからな。

西郷＜モノイドの圏 Mon 自体も非常に大切な圏なのだが、その
重要性は Mon だけにとどまらない。圏はモノイドを一般
化した概念なのだから、「圏準同型」とでもいうべき概念、
さらには「圏の圏」といった概念も定義できるはずだ。そ
うして、その立場に立って、Mon をそれらの特殊例とし
て振り返ることができるはずだ。これらの目論見は実際そ
の通りで、あとで「圏準同型」としての「関手」を射とす
る「圏の圏」について解説しよう。

- モノイドは、その「射たちの集まり」と同一視すれば、集合と思える。よってモノイドたちの間の写像を考えることができる。

- なかでも「構造を保つ」写像として、下記の"モノイド準同型"が重要。
  （例：指数関数）

> M, M' をモノイドとする。F が M から M' へのモノイド準同型であるとは、F が M から M' への写像であり、任意の M の要素（圏としてのモノイドの射）a, b について $F(a \circ_M b) = F(a) \circ_{M'} F(b)$ かつ $F(1_M) = F(1_{M'})$ をみたすことである。ここで $(M')_M$ と $\circ_{M'}$ は M と M' における合成を、1_M と $1_{M'}$ は M および M' における単位元を指す。

- モノイド準同型があれば、一方のモノイドでの射の合成操作を他方のそれに「きっちり翻訳できる」。「構造を保つ」とはこのこと。見事な応用例が対数関数（指数関数の逆写像）。

> モノイドの圏 Mon：モノイドを対象とし、M から M' への"モノイド準同型"を M から M' への射とする圏（合成や恒等射については Set 同様）。

- 圏はモノイドの一般化だから、モノイド準同型を一般化した「圏準同型」を考えることができるはず。これが"関手"の概念。さらに"圏の圏"も考えられるだろう（第3章で扱う）。

60

第 3 章

関手

① 関手の定義

西郷＜圏を定義して実例をいくつか見たから次のステップである
「関手」に移ろう。モノイドのところでも少し触れたが、
モノイド準同型がモノイドの間の対応で構造を保つもの
だったことを一般化すれば、「関手」とは圏の間の対応で
構造を保つものだという定義が得られる。

能美＜モノイド準同型のときは演算、単位元を保つというのが条
件だったが、関手の場合だと合成と恒等射を保てば良いの
か？

西郷＜とりあえず定義する上ではその理解で問題ない。

定義 3.1

圏 $\mathcal{C}$ から圏 $\mathcal{D}$ への対象、射の間の対応 F が次の条件をみ
たすとき、これを**関手**（**functor**）と呼ぶ：

- $\mathcal{C}$ の射 $X \xrightarrow{f} Y$ を $\mathcal{D}$ の射 $F(X) \xrightarrow{F(f)} F(Y)$ に
  対応させる。

- $\mathcal{C}$ の射 f, g の合成 $f \circ g$ について
  $F(f \circ g) = F(f) \circ F(g)$ である。

- $\mathcal{C}$ の対象 X に付随する恒等射 1_X について
  $F(1_X) = 1_F(X)$ である。

付け加えれば、モノイドの圏における射であるモノイド準

同型を一般化した「関手」は、「圏の圏」とでもいうべき
圏における射に相当するものと捉えられる。とはいっても
「集合全体の集合」と同じく、不用意にこういったものを
考えるといろいろと困るんだが、ちゃんと扱うための対処
法はいくつかあるから深く触れないでおこう。

能美＜ややこしいものに深く触れない姿勢は素晴らしいが、定義
の出所がよくわからないぞ。2,3番目の条件はモノイド準
同型のものと対応しているようだが、最初の条件はどこか
ら湧いて出たんだ。勝手な条件を付け加えられたら困る
じゃないか。

西郷＜落ち着いて確かめればよくわかることだ。そもそもモノイ
ド準同型が何だったかを振り返れば、これは集合間の写像
のうち特別な条件をみたすもののことだった。一つ目の条
件はこのことに対応している。

能美＜つまり「射の間の対応」という点が「集合間の写像」を表
しているわけか。

西郷＜そしてモノイドとは、対象がただ一つの圏のことだったか
ら、モノイド準同型においては「対象の間の対応」は自明
に仮定されていたということだ。さて、定義を行うだけな
らこれだけなんだが、具体例を見ていく前に関手のイメー
ジをつかんでいこう。日常生活で他人にものごとを説明す
る際、我々はよく言い換えや喩えといったことを行うが、
これを数学的に捉えたものが関手なんだ。風水における見
立てを考えればわかりやすいかもしれない。

能美＜幸い僕は五行思想に通暁しているから良いが、そんなもの
　　　わかりやすくないだろう。同じ見立てなら、ミステリの見
　　　立て殺人とかの方が良いんじゃないか？

西郷＜それはそれで血なまぐさいな。仕方ないから "A is to B
　　　what C is to D" という英語構文を例にとろうか。これは
　　　二者間の関係性同士の類似性についての文で、詩的表現や
　　　暗喩の基礎となるものだ。たとえば北大路魯山人の随筆に
　　　『食器は料理のきもの』というタイトルのものがあるが、
　　　この暗喩は「料理にとっての食器は人間にとってのきもの
　　　だ」と言い換えられる。自分が説明したい「AとBとの
　　　関係性」を誰もが知っている「CとDとの関係性」でた
　　　とえる表現なわけだ。

能美＜そういわれると、まさに $A \to B$ から $C \to D$ への対応になっ
　　　ているな。「AとBとの関係性」が f で、C,D が $F(A)$,
　　　$F(B)$、「CとDとの関係性」が $F(f)$ ということだな。

西郷＜考えてみれば、先程用いた「圏にとっての関手はモノイド
　　　にとってのモノイド準同型と同じものだ」という説明の仕
　　　方もこの形式に則ったものとなっている。話の流れを予測
　　　したかのような表現を無意識に用いてしまうとは、なんと
　　　偉大なのか、私は。

能美＜倒置法まで使って何をくだらないことを主張しているんだ
　　　ね。

西郷＜君が私の偉大さを理解するに足る修練を積んでいないとい
　　　う嘆かわしいことは置いておくとして、今挙げた関手の「動

的な矢印」すなわち「射」としての側面の他にもう一つの側面について説明しよう。それは、関手それ自体を「対象」として見た場合の話だ。

能美＜「言い換える」という動作と名詞化された「言い換え」との違いみたいなものか。ものごとを説明する場合の例でいくと、「C と D との関係性」で相手に伝わらなければ別の「C′ と D′ との関係性」でたとえを替えたりするが、これらの言い換え一つ一つが関手になっていて、さらにはある言い換えと別の言い換えとの間の関係を調べたりするのか。

西郷＜その通りなんだが、そういった「関手間の射」や「関手の圏」についてはもう少しあとで説明するとして[*1]、ここでは数学的な具体例として「有向グラフ」を取り上げ、この見方について話そう。**有向グラフ（directed graph）**というのは合成を行わない圏のようなもので、「始まり」と「終わり」とを備えた「矢印」たちのネットワークだ。形式的に定義すれば有向グラフとは、矢印（通常は「辺」edge と呼ばれる）たちの集合、頂点（vertex）たちの集合、そして各矢印たちに対してその始点（origin, 通常は source と呼ばれる）、終点（destination, 通常は target と呼ばれる）を対応させる二つの写像の組ということになる：

[*1] それぞれ自然変換、関手圏と呼ばれる。詳しくは第 4 章を参照。

$$\boxed{矢印} \xrightarrow[\text{の終点は}]{\text{の始点は}} \boxed{頂点} \quad (3.1)$$

能美＜これら四つをいろいろ変えるごとに違った有向グラフが得られるわけか。

西郷＜どんな有向グラフもこの枠組みで捉えられて、たとえば次のような具合だ：

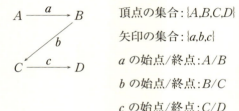

さて、このように集合二つ、写像二つを定めるごとに一つの有向グラフが得られるということが関手によって表現できる。そのためにまず有向グラフの骨組みを抽出した

$$E \xrightarrow[d]{o} V \quad (3.2)$$

という単純な圏 DiGraph を考えよう。

能美＜なんだ、(3.1) の名前を変えただけじゃないか。

西郷＜表面上そう見えるが、(3.1) は集合、写像を表している一方で (3.2) は圏 DiGraph の対象、射を表している。恒等射は省いたが、DiGraph は対象を二つ、その間に二つの射だけを持つ単純な圏だ。(3.1) の具体例を考えることは

DiGraph の対象、射に集合、写像をあてがうことと同じで、さらにこれを言い換えれば DiGraph から集合圏 Set への関手を考えることに等しい。

能美＜つまり有向グラフの具体例を考えることと、有向グラフの概念を抽象化した DiGraph から Set への関手を考えることとが等しいということだな。

西郷＜そう、そして有向グラフに限らない概念一般に話を広げると、この有向グラフの場合でいう DiGraph に相当する「概念を抽象化した圏」こそが考えている概念を成り立たせる根本の枠組み、つまり「理念」になるわけだ。この言葉遣いを用いれば、DiGraph とは「有向グラフの理念の圏」といっても良いだろうな。

能美＜関手というのが、「表現」「モデル」「理論」、「喩え」や「具体例」などといった、何かの「現われ」とか「表すこと」に関わっているイメージはわかった。それにしても、「表」と「現」がおなじ「あらわ」と読むのは、関手の概念を理解するうえで有難いことだな。

西郷＜「喩」と「例」が「たとえ」なのもそうだな。「あらわれ」といい「たとえ」といい、古人の智慧には驚かされる。関手が人間の認知に普遍的な役割を果たしていることの証左かもしれない。

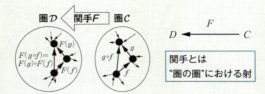

関手とは
"圏の圏"における射

> **定義**（関手）圏 $\mathcal{C}$ から圏 $\mathcal{D}$ への関手 F とは、圏 $\mathcal{C}$ の任意の対象および射に対して圏 $\mathcal{D}$ の対象および射をそれぞれただ一つ定める対応づけであって、
> $\mathrm{dom}(f) = \mathrm{cod}(g)$ となる圏 $\mathcal{C}$ の任意の射 f, g に対し
> $F(g \circ f) = F(g) \circ F(f)$ であり、圏 $\mathcal{C}$ の任意の対象 A に対し
> $F(1_A) = 1_{F(A)}$ をみたすものをいう。

● 関手とは、圏から圏への対応づけであって、合成という圏の「構造」を保つもの。

> 圏の圏：圏を対象とし関手を射とする圏。合成や恒等射については自然に定める。（不注意に扱うとパラドックスに陥るが、対処は可能）

● 「表現」「モデル」「理論」などは関手。

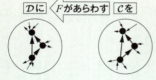

● 理念の「具体例」も関手と思える。

● 「具体例」の間の「構造を保つ」対応付けはどう記述するか？（第4章へ）

② 関手の例1：
順序を保つ写像、反変関手・双対圏

第3章 関手

西郷 < ここからは関手の具体例を見ていくとして、まずは前順序集合間の関手について考えよう[*2]。

能美 < 関手というのは関係性を保つものだったが、この場合だと大小関係を保つものだと良いわけか。前順序集合 C から前順序集合 D への関手 F について、C で x が y 以上だったら D で $F(x)$ が $F(y)$ 以上だというような。

西郷 < そうだ。このため前順序集合間の関手は「順序を保つ写像」とも呼ばれる。簡単な例としては実数上の単調増加関数が挙げられる。他の例として「個数の数え上げ」に対応する関手を考えてみよう。圏 C として、有限集合を対象とし、射としては「単射が存在するかどうか」という関係性を考える。つまり、集合 A から B への単射が存在するときに限り、射 $A \to B$ があるという圏だ。

能美 < 写像を射とするわけではないんだな。単射の定義からすると、有限集合の要素の数を比較しているということか。

西郷 < A から B への単射が存在すれば B は必ず A 以上の要素を含んでいなければならないわけだからな。それでこの「要素数の比較」に対応する関手を考えていくのだが、圏 $\mathcal{D}$

[*2] 定義については 2.6 節参照。

として各自然数を対象として、大小関係「≤」を射とする圏を考えよう。言い換えれば、自然数 n, m に対して $n \leq m$ であるときに限って $n \to m$ だという圏だ。そして $\mathcal{C}$ から $\mathcal{D}$ への関手 F を、有限集合に対してはその個数を対応させ、単射の存在を大小関係の存在に対応させるものとする。

能美＜有限集合 X に対して $F(X)$ が X の個数を表し、X から Y への単射が存在するなら $F(X) \leq F(Y)$ ということだな。

西郷＜こういった「順序を保つ写像」とは逆に「順序を反転させる写像」を考えたいときもある。たとえば「支出が多ければ貯蓄にまわせる額は減る」というような関係がある。

能美＜そのような不都合な真実についてはあえて考えないようにしているんだ。

西郷＜随分と破滅的な生活をしているんだなあ。では君の精神がダメージを負わないように数学的な例を扱うとしよう。集合とは、簡単に言えばものが含まれるかどうかが判定できるものだとしたが[*3]、逆の視点からすれば、要素の満たすべき条件が集合を定めているともいえる。この「条件が集合を定める」という関係を関手として表現するために、話を自然数に限って、自然数に関する条件を対象とする圏を $\mathcal{C}$ としよう。射としては条件間の論理的な強弱関係を考え、弱い条件から強い条件にのみ射が存在するものとする。

能美＜たとえば「2 の倍数である」、「4 の倍数である」だったら、

[*3] 2.8 節参照。

前者から後者への射が存在するということだな。

西郷＜そして自然数の部分集合全体を対象として、それらの間の包含関係を射とする、つまり A が B の部分集合であるときに限って射 $A \rightarrow B$ が存在するような圏を $\mathcal{D}$ としよう。

能美＜「条件が集合を定める」というのは $\mathcal{C}$ の対象から $\mathcal{D}$ の対象への対応に相当するわけか。

西郷＜あとは射の対応だが、先程の君の例でいくと「4 の倍数全体」は「2 の倍数全体」の部分集合だから、射の向きが反転してしまうことになる。こういった状況を扱うために「双対圏」という概念がある。ある圏の**双対圏**（dual category）とは、元の圏と同じ対象を持ち、矢印の向きだけを反転させた圏のことだ。圏の右上に "opposite" の "op" を付けて表す。

能美＜今考えている圏 $\mathcal{C}$ に対しての双対圏 $\mathcal{C}^{\mathrm{op}}$ は、「4 の倍数である」から「2 の倍数である」への射が存在するような圏ということになるな。

西郷＜要は、$\mathcal{C}^{\mathrm{op}}$ は条件 P, Q を対象とし、命題として「P ならば Q」が成り立つときに射 $P \rightarrow Q$ が存在するような圏だ。

能美＜強い条件から弱い条件への射が存在するわけだから、この圏 $\mathcal{C}^{\mathrm{op}}$ からなら対象、射の間の対応がついて関手が構築できる。

西郷＜双対圏からの関手を元の圏からの**反変関手**（contravariant functor）と呼ぶ。また、反変関手との対比から通常の関手のことを**共変関手**（covariant functor）と呼

ぶこともある。

能美＜「関手」だけだと何とも思わなかったが、そのように言われるとどうしても「はんぺんと燗の酒」という組み合わせを思い浮かべずにはいられないな。

西郷＜いや、まったくそんなことはないだろう。

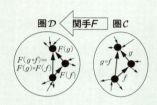

圏 $\mathcal{C}$, $\mathcal{D}$ が前順序集合であるとき、その間の関手は"順序を保つ写像"と呼ばれる。

● 例（順序を保つ写像としての「数え上げ」）
圏 $\mathcal{C}$：対象は有限集合、射は"集合の包含"つまり「単射が存在するという関係」
圏 $\mathcal{D}$：対象は自然数、射は大小関係（≤）
関手 F：各有限集合をその個数に、集合の包含関係に対しては個数の大小関係を対応させる対応

● 「順序を反転する写像」はどう捉えるか？：
"双対圏"および"反変関手"（双対圏からの関手）

$\mathcal{C}$ の双対圏とは、$\mathcal{C}$ と同じ対象および射の集まりからなり、矢印の向きのみ入れ替えた圏（dom と cod および ○ の順序を替えた圏）で、$\mathcal{C}^{op}$ と書く。$\mathcal{C}^{op}$ から $\mathcal{D}$ への関手を $\mathcal{C}$ から $\mathcal{D}$ への反変関手と呼ぶ。

● 例（内包と外延の双対性）
圏 $\mathcal{C}$：対象は「条件」、射はその「強弱関係」
圏 $\mathcal{D}$：対象は集合、射は集合の包含
「条件」を「その条件をみたすものの集合」に、「強弱関係」を「集合の包含関係」に対応させる対応づけは、$\mathcal{C}$ から $\mathcal{D}$ への反変関手となる。

③ 関手の例 2：hom 関手

西郷＜次なる関手の例に移るために、圏の射の集まりについて整理しておこう。圏 $\mathcal{C}$ の対象 X から Y への射の集まりを $\mathrm{Hom}_{\mathcal{C}}(X,Y)$ と書くことにする。圏の定義では、この集まりが集合であることを仮定しない。言い換えれば、集合とみなすには大きすぎる場合もあるわけだけれど、対象 X,Y を選ぶごとに $\mathrm{Hom}_{\mathcal{C}}(X,Y)$ が集合であるような扱いやすい圏を**局所的に小さな**（locally small）圏と呼ぶ。更に、そもそも圏の射全体の集まりを集合として扱えるような圏 [*4] を**小さな**（small）圏という。

能美＜たとえば圏としての前順序集合は、射が一つあるか存在しないかの二つに一つだから局所的に小さな圏だし、そもそも射の全体を集合と思えるのであれば小さな圏でもあるな。

西郷＜一方、集合の圏 Set は小さくない。「集合の全体は集合と思えない」事情があるからな [*5]。しかし、局所的には小さい。この「小さくはないが局所的に小さい」というのは小さすぎず大きすぎない適度なサイズで、多くの重要な圏がここに分類される。さて、局所的に小さな圏 $\mathcal{C}$ において

[*4] 対象と恒等射とが一対一に対応していることから、この条件は対象全体の集まりも集合として扱えるということを含んでいる。

[*5] その事情については、第 7 章の冒頭で少し述べる。

対象 A を固定すると、$\mathcal{C}$ の対象 X をとるごとに射の集合 $\mathrm{Hom}_{\mathcal{C}}(A,X)$ が定まる。

能美＜ $\mathrm{Hom}_{\mathcal{C}}(A,X)$ は集合だから、$\mathcal{C}$ の対象 X から **Set** の対象 $\mathrm{Hom}_{\mathcal{C}}(A,X)$ への対応が得られたわけか。あとは射の対応が定まれば、この対応は $\mathcal{C}$ から **Set** への関手になるな。

西郷＜ 射の対応については合成を考えれば良い。射 $X \xrightarrow{f} Y$ について、$a \in \mathrm{Hom}_{\mathcal{C}}(A,X)$ との合成 $f \circ a$ を考えると、これは A から Y への射だから、「f と合成する」ことは集合 $\mathrm{Hom}_{\mathcal{C}}(A,X)$ から集合 $\mathrm{Hom}_{\mathcal{C}}(A,Y)$ への写像だ。そこで $\mathcal{C}$ から **Set** への関手 h_A を、対象 X に対しては

$$h_A(X) = \mathrm{Hom}_{\mathcal{C}}(A,X)$$

を対応させ、射 $X \xrightarrow{f} Y$ に対しては $a \in \mathrm{Hom}_{\mathcal{C}}(A,X)$ について

$$h_A(a) = f \circ a$$

であるような集合間の写像 $\mathrm{Hom}_{\mathcal{C}}(A,X) \xrightarrow{h_A(f)} \mathrm{Hom}_{\mathcal{C}}(A,Y)$ を対応させるものだと定義しよう。この関手のことを **hom 関手**（hom functor）と呼ぶことが多い。ところで今は $\mathrm{Hom}_{\mathcal{C}}(X,Y)$ の第一引数を固定して得られる関手を考えたが、第二引数を固定しても同様の考えで関手を形成することができる。

能美＜ 対象 B を固定して、各対象 X に対して $\mathrm{Hom}_{\mathcal{C}}(X,B)$ を対応させるような関手ということか。だが $X \xrightarrow{f} Y$ と X

から B への射は合成できないようだが。

西郷＜ この場合は Y から B への射 β と f との合成を考えれば良い。こうすれば X から B への射 $\beta \circ f$ が得られる。

能美＜ ということは、射 $X \xrightarrow{f} Y$ のうつり先は $\mathrm{Hom}_{\mathcal{C}}(Y,B)$ から $\mathrm{Hom}_{\mathcal{C}}(X,B)$ への写像ということで向きが反転しているから、この対応は反変関手ということか。

西郷＜ そういうことだ。この関手を $^B h$ と書くことにすれば、対象 X に対しては

$$^B h(X) = \mathrm{Hom}_{\mathcal{C}}(X,B)$$

を対応させ、射 $X \xrightarrow{f} Y$ に対しては $\beta \in \mathrm{Hom}_{\mathcal{C}}(Y,B)$ について

$$^B h(\beta) = \beta \circ f$$

であるような集合間の写像 $\mathrm{Hom}_{\mathcal{C}}(Y,B) \xrightarrow{^B h(f)} \mathrm{Hom}_{\mathcal{C}}(X,B)$ を対応させるものということだ。これらの関係を一気に描けば

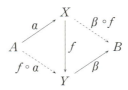

ということになる。

圏 $\mathcal{C}$ において、ある対象 A から対象 B への射の全体を $\mathrm{Hom}_\mathcal{C}(A,B)$ と書く（明らかなときは $\mathcal{C}$ を省略）。

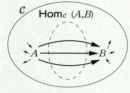

● $\mathrm{Hom}_\mathcal{C}(A,B)$ が（集合論的な意味で）集合であるとき、$\mathcal{C}$ を "局所的に小さな" 圏という。特に断らない限り、圏といえば局所的に小さな圏とする。

X から Y への射 f について、$\mathrm{Hom}_\mathcal{C}(A,X)$ の要素（つまり A から X への射）a に対し $\mathrm{Hom}_\mathcal{C}(A,Y)$ の要素（つまり A から Y への射）$f \circ a$ を対応させる写像を $\mathrm{Hom}_\mathcal{C}(A,f)$ と書く。

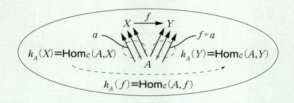

A を $\mathcal{C}$ の対象とする。$\mathcal{C}$ の対象 X に対して Set の対象 $h_A(X) = \mathrm{Hom}_\mathcal{C}(A,X)$ を、$\mathcal{C}$ の射 f に対して Set の射 $h_A(f) = \mathrm{Hom}_\mathcal{C}(A,f)$ を対応させる対応付け h_A は、$\mathcal{C}$ から Set への関手となる。同様に、対応付け $\mathrm{Hom}_\mathcal{C}(-,B)$ を用いて反変関手 ${}^B h$ が定まる。

● いわば「その対象にとっての世界」という関手

④ 関手の例3：モノイド準同型（1）

西郷＜ここからしばらく量についての話をしながら関手とのつながりを探っていこう。

能美＜量と言うと、重さだとか長さだとかの量のことか？

西郷＜そう、その量だ。量一般についていえる重要な性質として、同じ単位で量れる量、つまり科学でいう「同じ次元の量」については足し合わせることができるということが挙げられる。たとえば 1kg ＋ 2kg ＝ 3kg とかだな。これは言い換えれば、量のシステムはモノイドとみなせるということだ。

能美＜「足し合わせる」ことが演算で、今の重さの例だと 0g が単位元になるな。

西郷＜君の見方はモノイドを集合と演算との組とみなした場合のものだが、圏論的な定義に即していえば、自然数全体 $\mathbb{N}$ の場合と同じく[6]、対象としている量全体の集合が「ただ一つの対象」、「量を足す」という操作が射で、0g などの「ゼロの量を足す」ことが恒等射と考えるとよいだろう。さらにいえば、量のシステムにおいて足し合わせる順番は問題にならないから、これは単なるモノイドでなく「可換モノイド」だといえる。**可換モノイド**（commutative monoid）

---

[6] 2.7 節。

というのは、モノイドであり、射の合成が可換、つまり射 f, g に対して

$$f \circ g = g \circ f$$

が成り立つもののことだ。さて、量のシステムが可換モノイドだということがわかったが、これよりはむしろ可換モノイドの方こそが量のシステムを論じるための舞台だとさえいえるのではないだろうか。そこで我々は可換モノイドのことを**量系**と呼ぶことにしよう。

能美＜そんな勝手な名前で呼んで良いのか？

西郷＜可換モノイドがいかにも量のシステムだといった構造をもっているのがいけない。文句は可換モノイドの方に言ってくれ。関手の定義がモノイド準同型の一般化であったことを思い出せば、モノイド準同型はモノイドからモノイドへの関手であることがわかるだろう。モノイド準同型の定義[7]を直感に訴えかけやすいように合成を「＋」、恒等射を「0」で書き直せば

$$f(a + b) = f(a) + f(b)$$
$$f(0) = 0$$

と書ける。厳密に言えば、式中の「＋」、「0」はそれぞれの量系のもので左右で一致しているわけではないが、ここ

---

[7] 2.9 節の定義 2.10 を参照。

では違いを省いた。こうして書き直すと正比例の関係や、一般に「線型写像」と呼ばれるものはモノイド準同型なのだとわかる。

能美 < 正比例というと、たとえば一定の速度で走っている車についての走行時間と走行距離との間の関係とかが考えられるな。

西郷 < 走行時間を定めるごとに走行距離が対応することは、時間の量系から長さの量系への関手だといえる。他には掬い取った海水について、どれだけの体積の裡にどれだけの重さの塩が含まれているかとかだろうか。

定義 3.2

可換モノイドを量系と呼び、その射を量と呼ぶ。量 a,b に対して合成 $a \circ b$ を a,b の和と呼び、$a+b$ と書く。また恒等射を 0 と書き、a の逆射が存在すればこれを $-a$ と書く。量系を対象とし、その間のモノイド準同型を射とする圏を量系の圏と呼んで **Qua** と書く [8]。

ここまでなら今まで見知ったものごとを圏論的に見直しているだけだが、量系という概念を主役に据えてもう少し詳しく調べると非常に面白いことがわかる。よく、関数の和というのを「点ごとの和」で定義するが、このアイデアが基本となる。

---

[8] 可換モノイドと呼ぶ立場からすれば、可換モノイドの圏は **CMon** と書かれることが多い。

能美＜つまり、**Qua** の対象 M,M' に対して M から M' へのモノイ
ド準同型 f,g をとって、$f+g$ を

$$(f+g)(a) = f(a) + g(a), a \in M$$

で定義するということだな。

西郷＜さらにモノイド準同型 0 を

$$0(a) = 0, a \in M$$

で定義すれば [*9]、$\mathrm{Hom}(M,M')$ が量系としての構造を持
つことがわかる。$\mathrm{Hom}(M,M')$ の要素は、速度や密度と
いった「1 単位あたりの量」で、いわゆる**内包量**（**intensive
quantity**）だが、ここで定める和を通じて初めて内包量の
加法というものが意味を持ってくる。

[*9] 右辺の 0 は M' における単位元。

> 「量」のシステム=" 量系 "（可換モノイド）：射は量、合成は加法+
> で恒等射は 0 のモノイド。
> " 正比例 "、より一般に " 線型写像 " は量系から量系への関手、つま
> り量系の間の " 準同型 "。
> f が準同型：$f(a+b) = f(a)+f(b), f(0)=0$
> （左右の+や 0 はそれぞれの量系におけるもの）

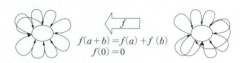

- 例：（ある海域での）海水量から含有塩分量へ

- 例：（ある月夜での）時間経過から月の仰角へ

> 量系（あるいは可換モノイド）を対象とし、その間の準同型を射と
> する圏を " 量系の圏 "Qua(あるいは " 可換モノイドの圏 "CMon) と
> 呼ぶ。

- Qua の対象（すなわち量系）M, M' に対し、M から M' への射（すなわち量系間の準同型）たち全体 Hom(M,M') はまた量系となる。そこでの+や 0 は、$(f+g)(a)=f(a)+g(a), 0(a)=0$ で定義。

- 密度や速度といった「内包量」（強度 1 単位あたりの量）の概念基盤。

- 内包量の直観が正比例の概念を導くとともに、正比例の概念を通じて初めて、内包量の加法にも意味を与えることが可能になる。

⑤ 関手の例4：モノイド準同型（2）

西郷＜引き続き量や量系について調べていこう。ここでは量についての異なった見方を紹介する。量とは量系の射だと定義したが、これを一段引き上げて量系間の関手であるモノイド準同型、すなわち **Qua** における射として捉えることができるんだ。

能美＜ふうん、そうなのか。何を言っているのかさっぱりわからんが、君がそうしたいというのであれば僕はあえて止めはしないよ。

西郷＜まあ落ち着いて話を聴いてくれ。鍵となる考えは、「自然数は量系から同じ量系への準同型」と思える、いわゆる量系上の**自己準同型（endomorphism）**と思えるということだ。実際、任意の量系 M の任意の量 v に対して同じく M の量 $v \cdot n$ を

$$v \cdot n = \underbrace{v + \cdots + v}_{n} \tag{3.3}$$

と、「v の n 個の和」として定義する。もちろん $v \cdot 0$ は M の単位元 0 と思うことにする。

能美＜なんだ大げさなことを言って。要するに n とは「n 倍すること」と思えるというだけじゃないか。

西郷＜まさにそういう思い直しが重要なんだよ。この見方をすれば、n を M から M への「n 倍すること」というモノイド

準同型と思える。モノイド準同型の一つ目の条件は写像なんだからもちろん成り立つし、二つ目の条件はいわゆる「分配法則」、そして $0 \cdot n = 0$ が三つ目の条件にあたる。モノイド準同型には合成が定まるが、ここではそれは自然数の乗法に対応する。

能美＜それはまあ「何倍かする」を合成すれば乗法に対応するに違いないな。

西郷＜この見方は重要なので後でまた立ち戻るが、まずは本題に戻ろう。一般の量をモノイド準同型と思える、という話だ。任意の量系 M の任意の量 v を一つとって固定して、自然数全体 $\mathbb{N}$ からの写像 $\tilde{v}$ を、

$$\tilde{v}(n) = v \cdot n \tag{3.4}$$

で定義する。これはモノイド準同型となる。

能美＜$v \cdot 0 = 0$ だからモノイド準同型の三つ目の条件はもちろん成り立つし、$\tilde{v}$ はそもそも集合間の写像として定義したから一つ目の条件も良い。二つ目の条件は、要は「n 個の v の和と m 個の v の和を合わせたもの」と「$(n+m)$ 個の v の和」とが等しいという形の分配法則だが、これは定義の式（3.3）から従うな。

西郷＜一方、$\tilde{v}(1) = v \cdot 1 = v$ だから、この対応によって M と $\mathrm{Hom_{Qua}}(\mathbb{N}, M)$ とが一対一の対応関係にあることがわかる。そして、さらに v から $\tilde{v}$ への対応自体がまたモノイド準同型の条件を満たすから、M と $\mathrm{Hom_{Qua}}(\mathbb{N}, M)$ とはモノ

イドとして同型だ。この同型によって v と $\hat{v}$ とを同一視することができる。考えてみれば、量というのは「その何倍かの量を考えることができるもの」とも思えるわけで、この立場に立てば「$\hat{v}$ こそが量」だと思ってもよいわけだ。

定義 3.3

量系 M の量は、$\mathbb{N}$ から M へのモノイド準同型とも思える。

能美＜そもそもはモノイドという名の圏の射と考えていた「量」が、一段引き上げた世界である **Qua** における射とも思えるということだな。

西郷＜さて、先ほど自然数というものを一般の量系 M に対する $\mathrm{Hom}_{\mathrm{Qua}}(M,M)$ の射、いわゆる M 上の自己準同型と考えることもできるという話をした。これをより一般の「数」の概念に一般化したい。

能美＜「数は量から同種の量への変換である」という観点をとるわけだな [10]。

西郷＜そうだ。こうした $\mathbb{N}$ の場合を一般化して、次の定義をおく：

---

[10] 第 4 章を読んだ後、本節および次節の記述に戻り「数は自然変換である」と正確に言えることを確かめてみるとよいだろう。

定義 3.4

量系 A が**数系**[11] であるとは、ある量系 M に対し $\mathrm{Hom}_{\mathrm{Qua}}$ (M,M) の一部と見なせて[12]、合成から定まる乗法についてモノイドとなることをいう。また、そのような量系 M を A 上の量系と呼ぶ。ここで、自己準同型としての A の量 a は、M の量 m を同じく M の量 $m \cdot a$ にうつす**数による乗法**（スカラー倍）を定める[13]。本書では、数系 A の量を単に**数**とも呼ぶ。

西郷＜今までの議論からわかるように、任意の量系は $\mathbb{N}$ 上の量系だ。一般の数系 A 上の量系 M とは、数系 A に属する数たちが「量から同種の量への変換」としてはたらく量系だ。非負実数、つまり 0 以上の実数全体も数系と思えて、その上の量系を「連続量系」、その量を連続量と呼ぶ。

---

[11]　一般的に「半環」（rig）と呼ばれる概念に対応する。

[12]　「一部と見なす」とは、正確にいえば「$\mathrm{Hom}_{\mathrm{Qua}}$（$M,M$）への単射な準同型を考える」ことと言うべきだろうが、ここではわかりやすさを優先した。

[13]　ここでは、数による乗法を「右からかける」記法とした。通常左からかける記法が標準的だが、実際には右からかける記法のほうが便利であることが多い。

自然数は「量系から同じ量系への準同型」と思えるし、その乗法は準同型の合成に対応する。これにより、量系の射としての量を「一段引き上げて」Qua の射（量系の間の関手、すなわち準同型）として捉えることも可能。

● 自然数の全体からなる量系を N とする。量系 M の射としての量 v と、N から M への準同型 $\tilde{v}$ との間には $v = \tilde{v}(1)$, $\tilde{v}(n) = v \cdot n$ で定まる一対一対応が存在する。ただし $v \cdot n$ とは v を n 個足したもの。

● $\mathrm{Hom}(N, M)$ と M は同型。v と $\tilde{v}$ は同一視可能。

M の量は、N から M への準同型とも思える。

量系 A が "数系" であるとは、ある量系 M に対し $\mathrm{Hom}(M, M)$ の一部と見なせ、合成から定まる乗法についてモノイドとなることをいう。また、そのような量系 M は A 上の量系と呼ばれる。ここで、準同型としての A の量 a は、M の量 m を同じく M の量 $m \cdot a$ にうつす "数による乗法" を定める。
本書では、数系 A の量を単に "数" と呼ぶ。

● 数系は、通常「半環」と呼ばれるものに対応。

● A 上の量系は無数にある：A が「はたらく」場

● N は数系であり、量系はみな N 上の量系である。数系 A は A 上の量系である。

● 「（非負）実数全体」上の量系：「連続量系」

⑥ 関手の例 5：モノイド準同型 (3)

第3章 関手

西郷 < 先ほど数系 A 上の量系という概念を定義したから、当然それらのなす圏というのを考えたくなるのが人情というものだ。そこで次の定義を置く：

定義 3.5

A を数系とする。A 上の量系を対象とし、「**Qua** の射であって数による乗法と可換なもの」を射とする圏を **A−Qua** と書く。

能美 < 対象が A 上の量系なのはよいとして、「**Qua** の射であって数による乗法と可換なもの」、という射の定義がよくわからん。

西郷 < **Qua** の射というのは「加法」の構造を保つということだ。しかもそれだけではなく、「数による乗法と可換」、つまり A の量である数 a について $f(v \cdot a) = f(v) \cdot a$ をみたすような **Qua** の射 f を考えるということだ。もちろん $v \cdot a$ や $f(v) \cdot a$ というのは量 v や $f(v)$ に対する「数 a による乗法」を意味する [14]。

能美 < 「数による乗法」の構造も保つということだな。

西郷 < そうだ。定義から、$\mathbb{N}$−**Qua** とは **Qua** そのもののことだ。一般に A は、**Qua** で $\mathbb{N}$ が果たすのと同様の役割を **A−Qua** において果たす。たとえば量を **A−Qua** におけ

87

る A からの射と思えるなどだ。さて、量の話の締めくくりに改めて「単位」の話をしよう。

能美＜　長さだとメートルだとか、重さだとキログラムだとかがあるが、この単位か？

西郷＜　日常生活でもおなじみのそういった単位だ。特に今君が挙げたような単位を用いて表せる量については、非常に特別な性質がある。それは、足し合わせるときにあたかも数であるかのように取り扱うことができるということだ。たとえば 1m と 2m とを足し合わせるときには数字の部分だけを取り出して「1＋2＝3」と計算して 3m だと求めるように。こういう「ほぼ数」のような量を「スカラー量」と呼ぶ。

定義 3.6

数系 A 上の量系 M が $\mathbf{A-Qua}$ における同型として $M \cong A$ であるとき、これを**スカラー量系**と呼び、その射を**スカラー量**と呼ぶ。またこのとき、同型を与える M の量を**単位**と呼ぶ [*15]。

日常生活からもわかると思うが、同じ量系に対する単位は

[*14] 右辺と左辺の a は、「違うところではたらく a」だから、区別したほうがよいかも知れない。しかし、それをしなくても混乱が起こらないのは、数が第 4 章において述べる「自然変換」となるからである。A 上の量系 M に対し、M で働く a (M 上の自己準同型としての a) を a_M とでも書けば、この対応付けにより a は $\mathbf{A-Qua}$ 上の「恒等関手」から自身への自然変換と思える (むしろ、そうなるように $\mathbf{A-Qua}$ の射が定義されているともいえる)。興味ある読者は、第 4 章を読んだ後、ここの記述に立ち戻るとよいだろう。

一つとは限らない。単位というのは重さでいうと数 x に対して量 $x$kg を与える「kg」が例として挙げられる。もちろん「g」や「ポンド」や「貫」でもよい。一方、単位の逆射を考えると、与えられた量に対してその「単位に対する数の部分」だけを取り出すものとなるから「数値化」とでも呼べるかもしれないな。さてこの「量の話を数の話で表現する」ということを詳しく見ていこう。

能美< 今の話だけだと、個々の量がそれぞれ数と対応しているというだけだったから、次は関係性がどうなるかという関手的な話か。

西郷< まさにその通りだ。数系 A を固定して、この上の量系がいくつもあるという状況を考える。量系 X, Y に対して単位 t_X, t_Y をそれぞれ定めよう。このとき、X から Y への射 f に対して

によって A から A 自身への射を定めることができる。

能美< 一番簡単な例は、時間の単位と距離の単位を決めることで内包量である「速さ」が数値として表せるというような

---

*15 もう少し詳しく言えば、量 v が単位だというのは、$\mathbf{A}-\mathbf{Qua}$ における同型 $M \cong \mathrm{Hom}_{A-\mathrm{Qua}}(A, M)$ によって対応する A から M への射 $\tilde{v}$ が同型 $A \cong M$ を与えるときにいう。先ほど述べた通り、量を $\mathbf{A}-\mathbf{Qua}$ における A からの射と思えるというところがポイントだ。

ことだな。

西郷 ＜ そうだ。この対応、つまり A 上の量系に対して数系 A を
対応させ、A 上の量系間の射を A から自身への射に対応
させる操作は関手となる。

能美 ＜ それはどこからどこへの関手なんだ？

西郷 ＜ ちゃんといえば、「数系 A 上のスカラー量系を対象とし、
『それらの間の $A-\mathbf{Qua}$ の射』を射とする圏」から「数系
A のみを対象とし、『A から A 自身への $A-\mathbf{Qua}$ の射』
を射とする圏」への関手だな。後で便利なように、本書で
は前者の圏を $A-\mathbf{Scal}$ とでも書くことにしよう。

> A を数系とする。A 上の量系を対象とし、「Qua の射であって数による乗法と可換なもの」を射とする圏を A−Qua と書く。

● N−Qua とは Qua 自身。一般に A は、Qua で N が果たすのと同様の役割を A−Qua において果たす。

● A 上の量系 M が、A 上の "スカラー量系" であるとは、$M \cong A$ となること。このとき、同型を与える M の量を "単位" という（多々ありうる）。

● 単位の逆射は "数値化"。

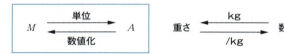

> 数系 A 上の各スカラー量系 X に対し単位 t_X を定めると、「A 上のスカラー量系を対象とし準同型を射とする圏」から「A を対象とし A から A への準同型を射とする圏」への関手 F_t が、任意の対象に対し $F_t(X)=A$、および X から Y への任意の射 f に対し $F_t(f)=t^{-1}_Y \circ f \circ t_X$ として定まる。

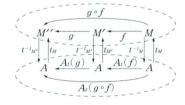

● 「単位系」の本質は「量の話を数の話に表現する」関手。

● 「多次元」のときも同様に扱える。cf. "基底"

⑦ 関手の例6：線型表現（1）

西郷 < 量の話が一段落したから、次は数の話をより深めよう。
まずはモノイドを集合として捉えたときと同様、数系を集
合として捉えるとどうなるかを考えることにする。

能美 < そもそも数系というのは、何らかの量系の自己準同型全
体の一部と思えて、さらにそこで定まる乗法に関してモノ
イドとなるような量系だったな。

西郷 < 特殊な量系ということだから、数系 A の射の集まりには
射の合成から定まる可換な「加法」が存在する。これに加
えて、**Qua** における射の合成から定まる「乗法」があって、
準同型から「分配法則」がみたされるのだった。

能美 < まとめると、数系 A を自身の射の集まりと同一視して捉
えれば、可換な演算である加法と可換とは限らない乗法と
を備えていて、しかもこれらが分配法則をみたすようなも
のだということだな。

西郷 < 加法に関する単位元は 0 と、乗法に関する単位元を 1 と
書く。数系は乗法に関して可換とは限らないが、可換であ
る場合[16]、**可換数系**と呼ぶ。

能美 < これが普通の意味での数の集まりになるのか？

西郷 < かなり近付いているが、まだ四則演算でいうところの「減

---

[16] つまり乗法に関しても量系である場合。

法」、「除法」が入っていない。これらはそれぞれ加法、乗法についての「逆」を導入することで対応可能だ。まずは加法に関する逆だが、これは「負の数」にあたる。

定義 3.7

量系が加法に関して群となるとき[17]、これを**加群**（module）と呼ぶ。数系が加群であるとき**環**（ring）と呼ばれ、さらに可換数系であるとき**可換環**（commutative ring）と呼ばれる。環 A 上の量系 M は加群となるが[18]、これを A 上の加群と呼ぶ。A 上の加群を対象とし、$A-\mathbf{Qua}$ の射を射とする圏を $A-\mathbf{Mod}$ と書く。

能美＜自然数全体は可換数系だけれどマイナスがないから環ではないな。整数 $\mathbb{Z}$、有理数 $\mathbb{Q}$、実数 $\mathbb{R}$、複素数 $\mathbb{C}$ なんかは環か。

西郷＜ちなみに、どんな量系も自然数上の量系とみなせたことと同様、どんな加群も整数上の加群とみなせる。このため $\mathbb{Z}-\mathbf{Mod}$ のことを単に $\mathbf{Mod}$ とも書く。さて次は「除法」で、乗法の逆である「逆数」が存在するかが問題になる。

定義 3.8

加法の単位元 0 を除くすべてが乗法に関して可逆な可換環を**体**（field）と呼ぶ。また、体 K 上の加群を K 上の**線型**

---

[17] 2.7 節参照。言い換えれば、任意の量 a に対して逆射 $-a$ が存在するとき。
[18] 環におけるマイナスが同型 $\mathrm{Hom}_{\mathrm{Qua}}(A,M) \cong M$ を通じて M のマイナスとなる。

空間（linear space）、あるいは**ベクトル空間**（vector space）と呼び、そこに属する量をベクトル量と呼ぶ。線型空間の間の $K-\mathrm{Mod}$ の射を特に線型写像と呼び、体 K 上の線型空間を対象とし、線型写像を射とする圏を $K-\mathrm{Vect}$ と書く。

能美＜ $\mathbb{Z}$ は環だが体ではなく、$\mathbb{Q}, \mathbb{R}, \mathbb{C}$ はすべて体だな。

西郷＜ 他に重要な例として、「素数 p に対して、整数を p で割った余りで分類したもの」$\mathbb{Z}/p\mathbb{Z}$ が挙げられる。さて $K-\mathrm{Vect}$ というのは「線型代数」の根幹そのものの圏で、当然多くの重要な性質を持っている。多すぎて扱えないから、ここでは一つ重要な定義をとりあげよう。

定義 3.9

群 G から $K-\mathrm{Vect}$ への関手は G の K 上の**線型表現**（linear representation）と呼ばれる[19]。

能美＜ これだけでは何が重要なのかまったくわからんぞ。

西郷＜ 詳しい話はあとで振り返るが、まず一般的に群の演算というのはよくわからないことが多い。一方で線型空間の演算は「行列表示」を通じることで具体的に計算できる。つまり、「よくわからないもの」を「よくわかっているもの」で「表現する」という、まさに最初に話した関手のイメー

---

[19] 群は対象をただ一つしか持たないため、群の射はあるベクトル空間から自分自身への線型写像にうつることになる。

ジそのもののことが行われるわけだ。これはすごい。

能美 ＜ 何が重要なのかわからないと言っているのに、一人で盛り上がらないでくれ。まあ詳しくはあとの話を待つか。

●数系 A は、加法に関する量系であり、準同型の合成から定義される乗法に関するモノイド。

> 数系 A が、乗法についても可換なモノイドとなるとき、"可換数系"と呼ぶ。

> 量系が加法に関して群となるとき"加群"と呼ぶ。数系が加群であるとき"環"と呼ばれ、さらに可換数系であるとき、"可換環"と呼ばれる。
> A が（可換）環であるとき、A 上の量系は加群となり、A 上の加群と呼ばれる。A 上の加群を対象とし $A-\mathbf{Qua}$ の射を射とする圏を $A-\mathbf{Mod}$ と書く。

● $\mathbb{N}$ は可換数系。$\mathbb{Z}$、$\mathbb{Q}$、$\mathbb{R}$、$\mathbb{C}$ は可換環。任意の加群は $\mathbb{Z}$ 上の加群。$\mathbb{Z}-\mathbf{Mod}$ を単に $\mathbf{Mod}$ とも書く。

> 0（加法の単位元）を除くすべてが乗法に関して可逆な（可換）環は、"体"と呼ばれる。体 K 上の加群は K 上の"線型空間"（あるいは"ベクトル空間"）と呼ばれる。線型空間の間の $K-\mathbf{Mod}$ の射をとくに"線型写像"と呼ぶ。

● $\mathbb{Q},\mathbb{R},\mathbb{C}$ は体である。「$\mathbb{Z}$ を素数 p で割った余りで分類したもの」$\mathbb{Z}/p\mathbb{Z}$ も体である。

> 体 K 上の線型空間を対象とし、線型写像を射とする圏を $K-\mathbf{Vect}$ と呼ぶ。群 G から $K-\mathbf{Vect}$ への関手は、G の"K 上の線型表現"と呼ばれる。

＊線型表現は"行列表示"を通じて、より具体的な「計算」の話につなげられる（後述）。

⑧ 関手の例 7：線型表現 (2)

西郷＜ スカラー量のみならずベクトル量までもが数系上の量系として取り扱えることがわかったが、ここでは線型空間について考えていこう。

能美＜ 詳しく考える前に、スカラー量というのは長さや重さといった「ほぼ数」みたいな量ということだったが、ベクトル量というのは具体的にどういったものなんだ？

西郷＜ 定義を振り返っていけば、「体上の線型空間」というのは「四則演算ができる数系上の量系」ということで、また「数系上の量系」というのは「量同士の加法が定義されており、かつ数によるスカラー倍が定義されているもの」ということだった。つまりそういうことだ。

能美＜ なにが「そういうこと」なんだ。何もわからんぞ。

西郷＜ 今言った条件を満たしてさえいれば何でも良いんだ。たとえば、長さを表す非負の実数 $\mathbb{R}_{\geq 0}$ 上のスカラー量系を考えて、そのスカラー量 x, y に対して東に x、北に y 進むことを (x, y) と表すことにしよう。西や南への移動はマイナスを用いれば良い。こうするとさまざまな x, y に対して (x, y) と表される移動の全体はベクトル量となる。

能美＜ 一旦 (x, y) の移動を行ってから、別の (z, w) の移動を行うと、結局 $(x+z, y+w)$ の移動となるから、これがこの量系における和だな。$(0, 0)$ という「動かない」ことを表す移

動の状態が単位元になる。

西郷＜スカラー倍も、たとえば「東へ 1km、北へ 2km」の「2 倍」が「東へ 2km、北へ 4km」となるように定めれば直感的だ。要は、和もスカラー倍も括弧の中の成分ごとに行えば良いということだな。さて今見たように、マクロの空間的な量は $\mathbb{R}$ 上の線型空間と関係し、一方、量子力学等で明らかになっている通りミクロの量は $\mathbb{C}$ 上の線型空間と関係している。ここから話を一歩進めて、幾何学的な話を展開していく上で必要な概念が**内積**（inner product）だ。

能美＜高校数学で習ったあの内積か？二本のベクトルに対して定まる演算で、それぞれの大きさの積とそれらが成す角の余弦との積で定義される。

西郷＜平面などのユークリッド空間内におけるベクトルの内積にはその定義がもっともよく使われるな。ベクトル $\vec{a},\vec{b}$ に対して内積 $\vec{a} \cdot \vec{b}$ とは、それぞれの大きさ $|\vec{a}|,|\vec{b}|$ と $\vec{a},\vec{b}$ の成す角 θ を用いて

$$\vec{a} \cdot \vec{b} = |\vec{a}||\vec{b}| \cos \theta$$

と表される。

能美＜言われてみれば、幾何学を論じる上で必要な角度が現れているな。

西郷＜それに同じベクトル同士の内積を考えると、ベクトルの大きさの二乗が出てくるから、「長さ」も考えていることになる。ユークリッド空間では我々が長さや角度に対して

抱くイメージに沿った形でこのような内積が定められているが、逆に一般の線型空間に対して内積を定めると、幾何学的な空間構造を定めることになる。もちろん勝手気ままに定めて良いものではなく、内積の満たすべき条件が存在するのだが、ここでは深く立ち入らず先に進もう。さて、さらに深く立ち入りたくない概念に「完備性」がある。これは簡単にいえば点列の極限操作と相性の良い空間の性質だ。たとえば$\sqrt{2}$の小数展開を考えて、小数点以下第n位までで打ち切ったものをa_nとしよう。

能美＜$a_1 = 1.4, a_2 = 1.41, a_3 = 1.414$ ということか。

西郷＜どんなnに対してもa_nは有理数なんだが、その行き着く先を考えると$\sqrt{2}$で有理数から外れてしまう。

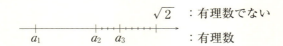

能美＜ほう、レールに乗って進んでいたつもりが、最終的にはわけのわからない状態になってしまうなんて、まるで人生のようではないか。

西郷＜怖いことを言わないでくれるか。まあとにかく「完備性」というのはこういったことが起こらないことを保証する性質なんだ。数だと$\mathbb{R}$や$\mathbb{C}$がそうで、今見たように$\mathbb{Q}$は完備ではない。完備性を要求して、幾何学を行うのに都合の良い空間を定義しよう。

定義 3.10

体 K は $\mathbb{R}$ か $\mathbb{C}$ を表すものとする。体 K 上の線型空間が内積を備え、しかもその内積から定まる大きさに関して完備であるとき、これを体 K 上の**ヒルベルト空間**（Hilbert space）と呼ぶ。$\mathbb{C}$ 上のヒルベルト空間を対象とし、その間の内積を保つ線型写像を射とする圏を **IsHilb** と書く。群 G から **IsHilb** への関手を G のユニタリ表現（unitary representation）と呼ぶ。

能美＜また表現か。

西郷＜通常の表現も重要だが、このユニタリ表現は、数学のみならず量子物理学においても極めて重要なツールになっている。「量子の状態はポアンカレ群のユニタリ表現と思える」といった具合に。一般に、内積を保つ線型写像のうち可逆なものをユニタリ変換と呼ぶのだが、ユニタリ表現は群の射をあるヒルベルト空間からそれ自身へのユニタリ変換に対応させる。まあ、これは知っている人には非常に「よくわかる例」なのだが、知らない人は「ふーん、そういう関手もあるのか」と思って先に進んでもらえればよい。

- "スカラー量" の全体のみならず、一般の「多次元量」つまり "ベクトル量" の全体も、数系上の量系として捉えられる。なかでも $\mathbb{R}$ 上や $\mathbb{C}$ 上の線型空間は、いわゆる「空間的な量」の概念を見事に定式化したものといえる。

- 長さや角度といった幾何学的な理念は、"内積" とよばれる概念に集約される。内積が与えられた線型空間においては、ピタゴラス以来の「幾何学的」な議論が展開できる。

> 内積が定義された（"そこから定まるノルムについて完備な"、$\mathbb{R}$ 上あるいは $\mathbb{C}$ 上の）線型空間を（$\mathbb{R}$ 上あるいは $\mathbb{C}$ 上の）ヒルベルト空間という。

> （$\mathbb{C}$ 上の）ヒルベルト空間を対象とし、その間の「内積を保つ」線型写像を射とする圏を、IsHilb と呼ぶ。群 G から IsHilb への関手を G のユニタリ表現と呼ぶ。

- 一般に、「内積を保つ」線型写像のうち可逆なものを "ユニタリ変換" と呼ぶ。

- ユニタリ表現は、群 G の要素（圏としての G の射）を、あるヒルベルト空間からそれ自身へのユニタリ変換（"ユニタリ作用素"）に翻訳する。

- ユニタリ表現は、数学のみならず量子物理学において極めて重要な道具立てとなっている。

  例：「量子の状態はポアンカレ群のユニタリ表現と思える」

⑨ 関手の例 8：ホモロジー、ブラウワーの不動点定理

発展

西郷＜ いよいよ関手の話も一区切りだ。最後に関手的な考え方が圏論以外の数学の分野で役立っている実例を挙げよう。ここで話す例は**ホモロジー**（homology）についてのものだが、「ホモロジー」というのはその名の示す通り「同じさ」について調べるプロセスで、関手の例としてはこれまた実に適切なのだ。

能美＜ 関手というのがそもそも「同じさ」についての話なわけだから、「ホモロジー」は何か特殊なケースについての話なんだろうな。

西郷＜ どういった「同じさ」を扱うかというと、「図形の話」を「量の話」に翻訳する理論だ。主役となるのは、「位相空間」の圏 **Top** から数系 A 上の加群の圏 $A-\mathbf{Mod}$ への関手だ。ちなみに「位相空間」というのは厳密に定義すると集合に各要素間の「近さ」の概念を付け加えたものなのだが、ここでは大雑把に「図形の話」だと考えてくれ。そして圏 **Top** というのは図形を対象とし、その間の連続的な変形を表す連続写像を射とする圏のことだ。

能美＜「トポロジー」というのは、「コーヒーカップの形からドーナツの形へ変形できる」とかいう話で聞く名前だな。

西郷 < その場合は「コーヒーカップの形」から「ドーナツの形」への射を考えていることに相当する。まああまり本腰を入れて解説していくといくら時間があっても足らない。とにかく数学の一分野として「ホモロジー論」というのがあって、それは先程いったような関手の成す系列のうち良い性質を持ったものを扱う理論なのだと大雑把に掴んでもらえれば問題ない。ここで取り上げたいのは「1 次ホモロジー関手」H_1 で、これは円周を $\mathbb{Z}$ に、円板を 0 にうつすような関手だ。

ここでいう「0」というのは、恒等射しか持たないような加群のことを指す。また、「円周」というのは円の周囲だけ、「円板」というのは円の中身もこめた図形を意味している。

能美 < xy 平面の式でいえば、「円周」が $x^2+y^2=1$、「円板」が $x^2+y^2 \leq 1$ ということだな。

西郷 < こういった関手の存在を認めれば、次の定理が証明できる:

定理 3.11

円板からその円周への写像であって円周上の点を動かさないものは、連続写像でありえない。

能美 < まあ、円周は穴が空いているのだから、円板を連続的に変形していくことは無理だろうな。

西郷＜ 感覚的にはその通りなのだが、関手 H_1 を使えばこれをちゃんと示すことができるんだ。まず点の集合として円周が円板の部分集合であることに注意して、円周から円板への射 ι を、円周上の点を動かさないようなものとしよう。

能美＜ 要は円周上の点をそのまま円板状の点だと思う写像だな。

西郷＜ これを用いると、定理は「円板から円周への連続写像 r で、$r \circ \iota = 1_{円周}$ となるものは存在しない」と言い換えられる。「$1_{円周}$」は円周から円周への恒等写像だ。もしこういった r が存在すると、左辺は関手性から

$$H_1(r \circ \iota) = H_1(r) \circ H_1(\iota)$$

と変形できる。H_1 によってどこからどこへの射がどのように対応しているかをみると

$$円周 \xleftarrow{r} 円板 \xleftarrow{\iota} 円周$$

$$\mathbb{Z} \xleftarrow[H_1(r)]{} 0 \xleftarrow[H_1(\iota)]{} \mathbb{Z}$$

となっている。加群 0 は、集合として見れば単位元のみを持つような集合だから、$H_1(\iota)$ はすべての整数をこの一点に対応させるような射だ。そして $H(r)$ は、モノイド準同型としての性質からこの一点を整数 0 に対応させる。したがって合成 $H_1(r) \circ H_1(\iota)$ は、すべての整数を 0 に対応させることになる。一方で「$r \circ \iota = 1_{円周}$」の右辺を H_1 でうつすと $1_\mathbb{Z}$ になるから、これは矛盾だ。

能美 < ふうん、何だか狐につままれたような感じがするな。しかしこんなことが言えたからってなんだってんだ？

西郷 < この定理から次のことがいえる：

系 3.12（ブラウワーの不動点定理）

円板から円板への任意の連続写像 f は、$f(p) = p$ となる点を必ず持つ。

こういった点を**不動点**（**fixed point**）と呼ぶ。「円板上の連続写像」というのを「コーヒーをスプーンでかきまわすこと」と捉えれば、不動点というのはかきまわしたときにできる渦の中心にあたる。

これも背理法で示せて、もしこういった点がなければ円板上の任意の点 x に対して、「$f(x)$ から x に向けて引いた直線と円周とが交わる点」を対応させると、不動点定理の証明中で出てきた r を構成できてしまう。これは矛盾である。証明終わり。

> ホモロジーとは、$A-\mathbf{Mod}$ への関手（の系列であって、いくつかの良い性質をみたすもの）。

● 位相空間（「図形」）を対象とし、その間の連続写像（「連続的な変形」）を射とする圏 $\mathbf{Top}$ から $\mathbf{Mod}$ への関手としてのホモロジーは、「図形の話」を「量の話」に効果的に翻訳する。

● 例えば $\mathbf{Top}$ から $\mathbf{Mod}$ への（1 次）ホモロジー関手 H_1 は、円周という図形を Z という加群に、円盤という図形を「0 のみからなる加群」0 にうつす。

● H が「関手であること」を用いると、次の（直感的には当然にも思えるが証明するとなるとなかなか難しそうな）定理が簡単に示せる。

> 定義 円盤からその円周への写像であって円周上の点を動かさないものは、連続写像でありえない。

● この定理から直ちに以下のこともわかる。

> 系 （ブラウワーの不動点定理）：円盤から円盤への任意の連続写像 f は、$f(p)=p$ となる点 p（"不動点"）を必ず持つ。

Memo

第4章

自然変換

① 自然変換の定義1

西郷＜関手とは理念の具体例であり表現であり、あるいは喩えで
あるという見方をしてきたが、ここでは関手たちを対象と
して扱うときにどういった射を考えれば良いかについて話
そう。

能美＜具体例と具体例との間の関係とかを考えることに相当する
わけか。

西郷＜関手は射の合成を保つものだったが、ここで考える「自然
変換」は関手の構造を保つものだ。

定義 4.1

圏 $\mathcal{C}$ から圏 $\mathcal{D}$ への関手 F, G に対して t が F から G への**自
然変換**（natural transformation）であるとは、以下の二
条件をみたすときにいう：

- t は $\mathcal{C}$ の各対象 X に対して射 $F(X) \xrightarrow{\ t_X\ } G(X)$ を対
  応させる。

- 圏 $\mathcal{C}$ の任意の対象 X, Y および任意の射 $X \xrightarrow{\ f\ } Y$
  に対して $G(f) \circ t_X = t_Y \circ F(f)$ が成り立つ。

このとき $F \overset{t}{\Longrightarrow} G$ と書く。また t_X を t の X 成分と呼ぶ。

　　要は自然変換 t というのは、$\mathcal{D}$ の射 $F(X) \xrightarrow{\ t_X\ } G(X)$ た
ちを束ねたもので、次の四角形を可換にするものだ：

$$
\begin{array}{c|cc}
 & Y \xleftarrow{\quad f \quad} X & \\[2mm]
\hline
\begin{array}{c} G \\ t \Uparrow \\ F \end{array} &
\begin{array}{c} G(Y) \xleftarrow{G(f)} G(X) \\ t_Y \uparrow \qquad \uparrow t_X \\ F(Y) \xleftarrow{F(f)} F(X) \end{array} &
\end{array}
\tag{4.1}
$$

こう九九の表のように描いておくと条件が覚えやすいだろう。

能美＜ $\mathcal{D}$ の射 $F(X) \xrightarrow{\quad t_X \quad} G(X)$ と $F(Y) \xrightarrow{\quad t_Y \quad} G(Y)$ との関係が、$\mathcal{C}$ における関係 $X \xrightarrow{\quad f \quad} Y$ と整合的になっているわけだな。

西郷＜ この「整合的」というところが、可換図式という形で非常に上手にとらえられているんだ。以前に扱った例を用いて説明してみよう。君は忘れたかもしれないが、個々の有向グラフというものは「有向グラフの理念」とでもいうべき圏 DiGraph

$$
V \xleftarrow[\quad d \quad]{\quad o \quad} E
\tag{4.2}
$$

から **Set** への関手と思えた。では関手としての有向グラフ F, G について、「F から G への自然変換」とはいったいどんなものだろうか？

能美＜ ええと、定義にただ従っていえば、F から G への自然変換 t は、V に対して F の頂点の集合 $F(V)$ から G の頂点の集合 $G(V)$ へのある写像 t_V を対応させ、また E に対して

は F の辺の集合 $F(E)$ から G の頂点の集合 $G(E)$ へのある写像 t_E を対応させるのだな。要するに、t_V と t_E の束というかペアだ。

西郷＜その通りだが、「可換図式」のことを忘れてはいけない。自然変換であることの条件は、この場合

$$
\begin{array}{cc}
 & V \xleftarrow{\quad o \quad} E \\[1em]
\begin{array}{c} G \\ \Big\Uparrow t \\ F \end{array} &
\begin{array}{ccc}
G(V) & \xleftarrow{G(o)} & G(E) \\[0.5em]
t_V \Big\uparrow & & \Big\uparrow t_E \\[0.5em]
F(V) & \xleftarrow{F(o)} & F(E)
\end{array}
\end{array}
\tag{4.3}
$$

および図の o を d に置き換えたものが成り立つことだが、その意味はわかるか？

能美＜この図は要するに、「F の各辺を t_E でうつしてからその始点をとる」ことと、「F の各辺の始点をとってから t_V でうつすこと」が同じ、つまり、辺から辺、頂点から頂点へ勝手にそれぞれうつすのではなく、「辺の始点は対応する辺の始点にうつる」という条件を言っているのだな。

西郷＜そうだ。d についての条件は、「始点」を「終点」に替えればよい。要するに、関手としての有向グラフの間の自然変換とは、「頂点を頂点にうつす写像と辺を辺にうつす写像のペアであって、始点は始点に、終点は終点にうつるもの」だ。つまり、適当にうつすのではなく、「グラフの構造を保つ」必要があるというわけだ。

能美＜ふん、それはまあ、グラフの構造をぐちゃぐちゃにしては
　　　グラフの研究にならないだろうから、当たり前なんじゃな
　　　いのか。

西郷＜君、だからその「構造を保つ」というアイデアが、自然変
　　　換の定義の中にこれ以上そぎ落とせないほど簡潔に、それ
　　　でいて味わい深く定式化されていることこそ重要なんだ。
　　　「氷ばかり艶なるはなし」（心敬『ひとりごと』）というや
　　　つだ。実際、ひたすら自然変換の定義に沿って考えただけ
　　　で、実にもっともらしい「グラフの構造を保つ対応付け」
　　　の概念に導かれたじゃないか。まさに「自然」変換なんだ。
　　　さあ、これで関手を対象とする圏の話ができる。射はもち
　　　ろん今定義した自然変換だ。射の「合成」についてだが、
　　　それぞれの成分を $\mathcal{D}$ の射として合成すれば良い。つまり
　　　t, t' の合成 tt' を

$$(tt')_X = t_X \circ t'_X$$

であるようなものとして定めるんだ。ここで、右辺の射の
合成と区別するため、と自然変換の合成のほうは「何も書
かずに隣に書く」というかたちで合成を表している。さて、
tt' が実際に自然変換であることを確認するには図式 (4.3)
が可換であることを確認すれば良いのだが、t をベースに
した可換な四角形と t' をベースにしたものとがつながっ
た四角形が得られるから可換となって問題ない。この上で
関手 F に対する恒等自然変換 1_F を $\mathcal{C}$ の任意の対象 X に

対して X 成分が $F(X)$ の恒等射 $1_{F}(X)$ となるようなものと定めれば、これが単位律をみたす。結合律も結局は $\mathcal{D}$ の射としての結合律から出る。

定義 4.2

圏 $\mathcal{C}$ から圏 $\mathcal{D}$ への関手を対象とし、それらの間の自然変換を射とする圏を圏 $\mathcal{C}$ から圏 $\mathcal{D}$ への**関手圏**（functor category）と呼び、$\mathrm{Fun}(\mathcal{C}, \mathcal{D})$ と書く。

先ほどの有向グラフの場合でいうと、この関手圏は「有向グラフを対象とし、その構造を保つ対応付けを射とする」圏ということになる。およそ「ある理念の具体例を対象とし、その間の構造を保つ対応付けを射とする」圏というのは関手圏であり、圏の「具体例」として数学書に挙がってくる圏も多くの場合これになる。そして、あとで見る「米田の補題」のおかげで、本質的には「（局所的に小さい）あらゆる圏は関手圏に埋め込める」ということもわかる。つまり、圏の対象や射が、「実は」関手や自然変換なのだとも思える。哲学的な議論にも役立ちそうな話だ。

能美＜圏の間の射が関手で、関手の間の射が自然変換だと聞けば、一見単に「屋上屋を架す」ようだが、自然変換まで考えることによってこそ話がまとまるんだな。

西郷＜そうだ。しかもそういう「高次の矢印」に見える自然変換が「低次」の射の束で書けるというあたりも、認知科学や人工知能の研究者にはグッとくるらしい。おそらく「意識」

が生じるというのも要は自然変換の生成なんだろうと私は思っているがね。

能美＜そんな茫漠たる話が続くと、睡魔によって僕の意識が奪われるのも時間の問題だな。

西郷＜君にはロマンというものがないのか。話を戻すと、圏論における「異なるもののあいだの同じさ」として、圏における同型の概念があった。もちろん関手圏においても同型の概念が定まる：

定義 4.3

関手圏の射として同型射であるような自然変換を**自然同値**（**natural equivalence**）と呼ぶ。また関手圏の対象として同型であるような関手を自然同値であるという。

能美＜つまり可逆な自然変換ということだな。

西郷＜そうだ。この自然同値の意義については、すぐ後に話そう。

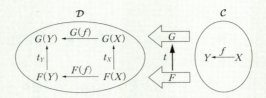

> **定義**（自然変換）：F, G を圏 $\mathcal{C}$ から圏 $\mathcal{D}$ への関手とする。圏 $\mathcal{C}$ の任意の対象 X に対しそれぞれただ一つ $F(X)$ から $G(X)$ の射 t_X を定める対応づけ t が F から G への自然変換であるとは、圏 $\mathcal{C}$ の任意の対象 X, Y および X から Y への任意の射 f に対して、$G(f) \circ t_X = t_Y \circ F(f)$ が成り立つことをいう。

圏 $\mathcal{C}$ から圏 $\mathcal{D}$ への任意の関手を対象とし、それらの関手の間の自然変換を射とする圏を "圏 $\mathcal{C}$ から圏 $\mathcal{D}$ への関手圏" と呼び、$\mathrm{Fun}(\mathcal{C}, \mathcal{D})$ と書く。

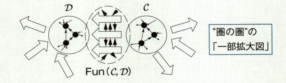

"圏の圏" の「一部拡大図」

関手圏の同型射としての「可逆な自然変換」を "自然同値" と呼ぶ。関手圏の対象として同型な関手は "自然同値である" という。

② 自然変換の定義 2

西郷＜先ほど関手圏における同型として自然同値を導入したが、この意味についてもう少し考えてみよう。

能美＜一般に、圏における同型というのは、その圏において「本質的に同じ」という話だったが、互いに自然同値な関手というのもそういう理解でいいのか？

西郷＜その通りだ。ただしここでつまずきやすいポイントがある。それは、二つの F, G が自然同値だからといって、「$F(X)$ のかたちをした対象たちの全体」と「$G(X)$ のかたちをした対象たちの全体」とのあいだに一対一対応があるわけではない、という点だ。極端な話、前者が無限個の対象からなり、後者がただ一つの対象からなっていてすら、自然同値ということがありうる。あくまでも、自然変換 t を構成している $F(X)$ から $G(X)$ への射 t_X がすべて可逆でありさえすればよい。

能美＜そんなに違った二つの関手が「本質的に同じ」といってもよいのか？

西郷＜そこが重要な点で、「一見そうは思えないのに本質的にやっていることが同じ」だというのがポイントなんだ。自然変換がさりげなく構造の同じさを定式化しているおかげで、圏論的な文脈では「一方の関手ができることは他方にもできる」といえるわけだ。なにしろ同型なんだから。

能美＜なるほどな。自然同値というのは関手間の「本質的な同じ
　　　さ」だというのは何となくはわかった。関手というものは
　　　「表現」、「モデル」、「理論」、あるいは「喩え」だったから、
　　　自然同値によってこれらの間の「本質的な同じさ」を議論
　　　することができるようになった、という感じか。

西郷＜その通りだ。というか、そもそも「圏論」という学問自体
　　　が、そうした種類の「本質的な同じさ」をうまく言い表す
　　　ために、つまり自然変換や自然同値という概念をうまく扱
　　　うために整備されたものなんだ。

能美＜今までの話だと、圏には射があって、射の対応として関手
　　　が定まり、最終的に自然変換が関手間の関係として定義さ
　　　れたが、歴史的には自然変換が念頭に置かれていたのか。

西郷＜近代になって数学的構造の理解にはその構造を保つ対応に
　　　ついて知らねばならないという機運が高まっていたのは事
　　　実だけれど、この種の「本質的な同じさ」の一般論が明確
　　　に発表されたのはアイレンベルグ、マックレーンによる
　　　"General Theory of Natural Equivalences" だ。『自然同
　　　値概論』とでも訳そうか。タイトルからしても「自然同値」
　　　ということを主題にしていることがわかる。この辺りの経
　　　緯はこの論文や、あるいはマックレーンが後年著した
　　　"Samuel Eilenberg and Categories" を読むと面白いだろ
　　　う。彼らの論文の直接の動機は、主に関手の例でみた「ホ
　　　モロジー」を体系的に扱う「ホモロジー論」と呼ばれる分
　　　野からの動機付けが大きかったが、圏論の持つ適用範囲の

広さが理解されるにつれてさまざまな分野に応用されたり基礎理論として取り入れられたりして現在に至る。

能美＜その「ホモロジー論」とやらを考えていると自然同値のアイデアが自然に出てくるものなのかね。

西郷＜私は実際の歴史的経緯には疎いが、一応「物語」としては次のようなことだろうと思う。ホモロジーというのは、「図形の世界＝圏」から「代数の世界＝圏」への関手を扱うんだが、そういう関手が乱立していた。それらの関手を定義するためには、図形（位相空間）に対してその情報を担う群を構成するわけなのだが、その構成の仕方にはいろいろあったんだ。ところが、全然違うのに、「本質的に同じ」だった。しかしその同じさを取り扱うためには、それまで知られていたような「同じさ」では歯が立たない。そしてその得も言われぬ「同じさ」を表現しようとすれば自然同値を定義せねばならない。自然同値は可逆な自然変換で、自然変換を定義するには関手が、関手を定義するためには圏が必要だ。

能美＜そして、そのために圏論が生まれた、というわけだな。

西郷＜まさにそういうことだ。さて、自然同値のイメージはある程度伝わったかと思うので、自然同値を用いて定義される「圏同値」という概念について述べよう。そのために、もう少し詳しく自然同値の概念の話をしよう。関手が圏と圏との間の関係性を表している以上、関手の持つ「本質的な同じさ」は圏の「本質的な同じさ」と関係してくる。これ

は圏と圏との関係性だから、「圏の圏」における話になる
わけだけれど、「圏の圏」にはもともと同型の概念がある。

能美＜可逆な射を同型射、同型射によって結ばれている対象たち
を同型だと呼んでいたが、間にある関手が可逆なときに圏
は同型ということだな。

西郷＜この「圏の圏」が持つ同型としての「本質的な同じさ」は
もちろん重要なのだが、実は扱う上で強すぎる条件である
ことが多い。そこで、もっと緩やかでかつ本質的な同じさ
を表すのが自然同値から定まる「圏同値」だ。

定義 4.4

圏 $\mathcal{C}$ から圏 $\mathcal{D}$ への関手 F および $\mathcal{D}$ から $\mathcal{C}$ への関手 G で、
関手圏の対象として

$$G \circ F \cong 1_{\mathcal{C}}, \ F \circ G \cong 1_{\mathcal{D}}$$

なるものが存在するとき $\mathcal{C}, \mathcal{D}$ は **圏同値**（**categorically equivalent**）であるという。

圏の同型では $G \circ F$ や $F \circ G$ は恒等関手に等しくなけれ
ばならなかったが、この「＝」を自然同値、つまり関手圏
の対象としての同型「$\cong$」に置き換えたものが圏同値の概
念だ。

能美＜同型だと行って帰ってきたものが同じものにならないとい
けないが、圏同値では自然同値として扱えるようなズレを
許容しているということか。

西郷＜このズレを許すことによって扱える範囲が広がるんだ。圏同値というのは、いわば圏の「骨組み」を見て判断しているようなものだ。そして自然同値とは、「骨組み」を損なうことなく行える変形を表していて、システムの持つ不定性、自由度に対応している。この「骨組み」を損なわなければよいのだから、すでに自然同値についての注意で述べた通り、対象のレベルで一対一対応する必要もない。

能美＜対象のレベルで一対一対応しなくてもよいということのイメージがまだよくわからない。

西郷＜さしあたりたとえ話になるが、中身のつまったドーナツの形と円周とは、「次元」からしてもだいぶ違うものだろうが、何ともいえない「同じさの感覚」がないだろうか。点と点を対応付けようとしても、連続な変換を考える限り決して一対一対応にはならないのだけれど。だが、それでもなんともいえない「同じさの感覚」があるはずだ。そもそもそういう感覚がなければ、黒板に太いチョークで「まる」を書いて「これは太さのない円周です」などと豪語してはいられまい。

能美＜なるほど、そういう「同じさの感覚」はわかる。しかしそういう感覚で直観されている「同じさ」にあたる概念が数学にあるのか。

西郷＜それが存在するのであって、「ホモトピー同値」というのだ。これが世間でも割合有名な「トポロジー」というやつの屋台骨なんだが。圏同値というのは、この「ホモトピー同値」

の圏論版といってもよい。

能美＜そんなことを言われても、そもそもホモトピー同値を知らない人間にはちんぷんかんぷんだ。

西郷＜じゃあ、「ホモトピー同値というのは圏同値みたいなものだ」と思うことにすればいいじゃないか。

能美＜なるほどな。いやいや、それでは結局堂々巡りだ。

西郷＜実は意外にそうでもない。これからいくつかの例を見ていくが、そのうちひとつでも「これならわかる」というのがあったら、そこから自然同値のイメージを理解し、それを経由して知らない世界も「そういうものか」と思えばいいんだ。圏を学ぶ利点のひとつはそこにある。各々、自分にわかる例を通じて圏論の概念に親しめば、「それと同じようなもの」として異なる分野の概念を理解する足掛かりになるのだから。もし本書において残念ながらそうした例に出会えなかった場合でも、他の本やインターネット上で「自分に良くわかる例」を見つけるとよい。

能美＜ただ、そのやり方では自分の背景知識のほうにイメージがひきつけられ過ぎはしないか。

西郷＜たしかにその恐れはある。しかし、それを矯正していくためにこそ定義があるのだ。もし困ったら、つねに圏・関手・自然変換の定義に戻ってみてほしい。いつか悟りの瞬間が訪れるだろう。

- 自然同値である関手は「本質的に同じ」。
- 自然同値の概念により、「表現」「モデル」「理論」などの本質的な同じさを捉えられる。圏論の歴史的起源：『自然同値概論』

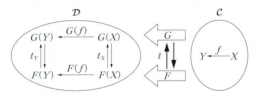

- 圏の圏における"同型"は、圏の間の同じさとして強すぎるが、自然同値の概念を用いて定義される"圏同値"はより柔軟で有用である。

> 圏 $\mathcal{C}$ と圏 $\mathcal{D}$ が圏同値であるとは、$\mathcal{C}$ から $\mathcal{D}$ への関手 F と $\mathcal{D}$ から $\mathcal{C}$ への関手 G であって
> $$G \circ F \cong 1_C, F \circ G \cong 1_D$$
> をみたすことをいう。
> ただし $\cong$ は自然同値（関手圏での同型）を表す。

- 圏の圏における同型の定義を考え、＝を $\cong$（自然同値）に置き換えたものが圏同値。
- 圏同値である圏どうしは「骨組」が同じ。
- 自然同値はいわば「骨組を保ちつつの変形」であり、「不定性」「自由度」などに対応。

③ 自然変換の例 1：前順序集合に関する例

西郷＜ 関手のときと同じく、自然変換の実例を見ながら理解を深めていこう。まずは前順序集合を例として取り上げる。圏 $\mathcal{C}, \mathcal{D}$ は前順序集合だとし、F, G は $\mathcal{C}$ から $\mathcal{D}$ への関手だとする。

能美＜ 前順序集合は順序の定まった集合で、関手は順序を保つ写像だとみなせたな。実数から実数への単調増加関数だとか、集合の個数の数え上げだとかが例だった。

西郷＜ このとき F から G への自然変換がどんなものかを考えよう。

能美＜ t を F から G への自然変換とすると、$\mathcal{C}$ の任意の対象 X について t_X は $F(X)$ から $G(X)$ への射となるから、これはつまり $F(X) \leq G(X)$ という大小関係だ。可換であるべき図式に対応する大小関係は、$X \leq Y$ に対して

$$F(X) \qquad \leq \qquad F(Y)$$

$$\text{I}\wedge \qquad\qquad\qquad \text{I}\wedge$$

$$G(X) \qquad \leq \qquad G(Y)$$

か。

西郷＜ 前順序集合では、射は一つあるか存在しないかのどちらかでしかないから、この図式は勝手に可換になる [*1]。

能美＜ということは結局、「任意の X について $F(X) \leq G(X)$ である」というのが F から G への自然変換ということか。自然変換は射を束ねたものだったから、前順序集合の場合は大小関係をまとめたものになるんだな。

西郷＜つまり自然変換を考えることで、前順序集合の順序を基にした関手間の大小関係を定めることができるということだ。関手圏 $\mathrm{Fun}(\mathcal{C}, \mathcal{D})$ は、順序を保つ写像全体にこの「自然な」大小関係が定まったものとなる。さて $\mathcal{C}$ も $\mathcal{D}$ も順序の定義されたものだから関手圏 $\mathrm{Fun}(\mathcal{C}, \mathcal{D})$ にも順序が定まるのは当然のことと思えるかもしれないが、よく見直せば関係してくるのはどれも $\mathcal{D}$ における順序だけだということがわかる。

能美＜確かに、自然変換で出てくる条件はすべて $\mathcal{D}$ における射だからそうなるな。

西郷＜そういうわけで、実は $\mathcal{C}$ における順序は本質ではない。このことを確認するために、$\mathcal{C}$ は単なる集合だとしよう。このとき、$\mathcal{C}$ の各要素を対象として恒等射のみを備えた圏を考えることで $\mathcal{C}$ のことを圏だとみなせる。このように恒等射以外の射を持たない圏を**離散圏**（discrete category）と呼ぶが、これは前順序集合でもある。

能美＜対象間に射があっても一つしかないという条件を満たしているな。もっと極端に恒等射しかないのだから、要は $\mathcal{C}$

---

*1　$F(X) \leq G(X) \leq G(Y)$ から $F(X) \leq G(Y)$ である一方で、$F(X) \leq F(Y) \leq G(Y)$ から同じ $F(X) \leq G(Y)$ が得られる。

の各要素 X に対して「$X \leq X$ である」という大小関係だけしか考えないような前順序集合か。

西郷 ＜このようにみると、$\mathcal{C}$ から $\mathcal{D}$ へのどのような関手も順序を保つ写像となる。実際、関手 F に対して、これが順序を保つ写像であるための条件は「$\mathcal{C}$ の各要素に対して $F(X) \leq F(X)$ である」以外にないからな。自然変換についての議論は先程と同じで、F から G への自然変換とは「$\mathcal{C}$ の各要素に対して $F(X) \leq G(X)$ である」という大小関係に他ならない。そして関手圏 $\mathrm{Fun}(\mathcal{C}, \mathcal{D})$ はこの大小関係によって場それ自体が前順序集合となる。

能美 ＜なるほどな。たしかにこの場合の関手は「集合から前順序集合への関数」と思えて、自然変換はそれらの関数のあいだの大小関係としてたいへん「自然」なものだな。そしてこの場合、「関数全体」も前順序集合となる、と。わかってしまうと当たり前すぎる例のようにも思うが。

西郷 ＜前にも言ったが、概念を理解するためにまずは当たり前のような例を考えることも大事なんだ。一方、$\mathcal{C}$ のほうが前順序集合で、$\mathcal{D}$ がもっと豊かな圏の場合はより「当たり前でない」例が得られる。たとえば $\mathcal{C}$ を、「状態」を対象としその間の「遷移可能性」を射とする圏とすると、これは前順序集合となる。もちろんここで状態の変化というのは、非決定論的に枝分かれするものなども含んで考えている。このとき、関手圏 $\mathrm{Fun}(\mathcal{C}, \mathbf{Set})$ の対象は関手で、その意味を考えると「異なる状態に遷移するとそれに応じて変

わる集合」と思える。では射である自然変換は何かといえば、その異なる状態への遷移と「整合的に」時間発展する写像と思える。もちろん時間的なイメージにこだわる必要もなく、空間的な「包含関係」によっても前順序集合ができるから、よりニュートラルに「不定な集合の圏」とでも言ったらいいかもしれない。一般にはこういうものを「前層の圏」と呼んだりする。

能美＜そんなふわふわしたものが数学で扱えるのか。

西郷＜もちろん扱える。まさにそこも圏論のありがたみで、関手圏 $\mathrm{Fun}(\mathcal{C},\mathbf{Set})$ はなんと普通の集合圏 $\mathbf{Set}$ にとてもよく似た性質をもつ圏、いわゆる「トポス」となる。これらのことはまたいずれ詳しく話そう。

圏 $\mathcal{C}, \mathcal{D}$ を前順序集合とし、F, G を $\mathcal{C}$ から $\mathcal{D}$ への関手（順序を保つ写像）とする。このとき、F から G への自然変換とは、「任意の x に対して $F(X) \leq G(X)$」として定義される順序関係にほかならない。

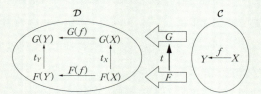

● この場合、図式の可換性は自明となる。

このとき、関手圏 $\mathrm{Fun}(\mathcal{C}, \mathcal{D})$ は、$\mathcal{C}$ から $\mathcal{D}$ への「順序を保つ写像全体」に「自然な順序付け」をしたものとなる。

● 任意の集合は、恒等射のみしか存在しない圏（"離散圏"）と考えられる。つまり、任意の集合は「自明」な仕方で前順序集合と考えられる。

● このとき、「自明な前順序集合」としての任意の集合 $\mathcal{C}$ から、ある前順序集合 $\mathcal{D}$ への任意の写像は順序を保つ写像となる。

● 関手圏 $\mathrm{Fun}(\mathcal{C}, \mathcal{D})$ は、「集合 $\mathcal{C}$ から前順序集合 $\mathcal{D}$ への写像全体」に「自然な順序付け」をしたものとなる（順序付けの間の順序！）

④ 自然変換の例2：hom 関手間の自然変換

西郷＜次は hom 関手についてだ。これは、局所的に小さな圏 $\mathcal{C}$ の対象 A に対して定められる $\mathcal{C}$ から $\mathbf{Set}$ への関手 h_A で、$\mathcal{C}$ の対象 X に射の集合 $\mathrm{Hom}_{\mathcal{C}}(A,X)$ を対応させ、$\mathcal{C}$ の射 $X \xrightarrow{\ f\ } Y$ に「f を後から合成する」という $\mathrm{Hom}_{\mathcal{C}}(A,X)$ から $\mathrm{Hom}_{\mathcal{C}}(A,\,Y)$ への写像を対応させるものだった[*2]。ここで対象 $A,\ A'$ に対して関手 $h_A, h_{A'}$ 間の関手を考えたいのだが、結局のところこれは $\mathrm{Hom}_{\mathcal{C}}(A,X), \mathrm{Hom}_{\mathcal{C}}(A',X)$ 間の対応だから反変 hom 関手 ^{X}h の考え方が流用できる。

能美＜そんなに一気に言われてわかるわけがないだろう。まず $h_A(f)$ の作用は射 $A \xrightarrow{\ x\ } X$ に対して $f \circ x$ を対応させるものだった。また射 $A \xleftarrow{\ a\ } A'$ を考えると、$^{X}h(a)$ の作用は x に対して $x \circ a$ を対応させるものだ。

西郷＜自然変換がみたすべき可換図式を意識しながら射の集合たちの関係を整理すると

$$
\begin{array}{ccc}
\mathrm{Hom}_{\mathcal{C}}(A',Y) & \xleftarrow{\ h_{A'}(f)\ } & \mathrm{Hom}_{\mathcal{C}}(A',X) \\[4pt]
{}^{Y}h(a)\Big\uparrow & & \Big\uparrow{}^{X}h(a) \\[4pt]
\mathrm{Hom}_{\mathcal{C}}(A,Y) & \xleftarrow[\ h_A(f)\ ]{} & \mathrm{Hom}_{\mathcal{C}}(A,X)
\end{array}
\tag{4.4}
$$

[*2] 3.3 節参照。

とまとめられる。

能美＜ A から X への射 x について、この図式を時計回りに周る
と

$$^Y h(a) \circ h_A(f) \circ x = (f \circ x) \circ a$$

で、反時計回りに周ると

$$h_{A'}(f) \circ {}^X h(a) \circ x = f \circ (x \circ a)$$

となる。これらは結合律により等しいから、図式は可換で、
対象 X から **Set** の射 $^X h(a)$ への対応は自然変換だな。

西郷＜この自然変換を h_a と書くことにしよう。さあこれだけで
も十分ややこしいものと思うが、射 $A \xleftarrow{\quad a \quad} A'$ に対し
て自然変換 h_a が定まるということに着目して、a から h_a
への対応を考えることで事態をより一層混迷させようでは
ないか。

能美＜なぜそう邪悪なことを考えるんだ？

西郷＜このあたりの概念が互いに密接に関係し合っているのが悪
いのであって、私のせいではない。「h」自体はここで初
めて出てきたものではなく、もともと対象 A に対して定
まる hom 関手のことを h_A と書いていた。今導入した「h_a」
という表記は対象だけでなく射の対応でもあるということ
を表すものだ。そこで、この対象、射の間の対応を $h_{()}$ と
書くことにしよう。括弧の中に対象や射が入るということ
をイメージしている。

能美＜対象 A に対しては関手 h_A、射 $A \xleftarrow{a} A'$ に対しては自然変換 $h_A \xRightarrow{h_a} h_{A'}$ を対応させているから、$h_{(\,)}$ は $\mathcal{C}$ から関手圏への対応になっているんだな。

西郷＜射の向きが逆転しているから、ちゃんと述べれば $h_{(\,)}$ は $\mathcal{C}$ から $\mathrm{Fun}(\mathcal{C},\mathbf{Set})$ への反変関手、あるいは $\mathcal{C}^{\mathrm{op}}$ から $\mathrm{Fun}(\mathcal{C},\mathbf{Set})$ への関手ということだ。さて、今までの話をすべて $\mathcal{C}^{\mathrm{op}}$ で考えれば、対応 $^{(\,)}h$ が $\mathcal{C}$ から $\mathrm{Fun}(\mathcal{C}^{\mathrm{op}},\mathbf{Set})$ への関手ということがわかる。

能美＜「$^{(\,)}h$」というのは、対象 X に対して反変 hom 関手 ^Xh を対応させるものを指しているんだな。

西郷＜射 $X \xrightarrow{f} Y$ に対する自然変換 $^Xh \xRightarrow{^fh} {}^Yh$ の作用や可換性を確認したければ、(4.4) を見直せば良いだけだ。$h_A(X) = \mathrm{Hom}_{\mathcal{C}}(A,X) = {}^Xh(A)$ に注意すれば、この図式が h_A から $h_{A'}$ への自然変換についてのものであると同時に ^Xh から ^Yh への自然変換についてのものであることがわかるだろう。

能美＜h_a は X 成分が $^Xh(a)$ であるような自然変換だったが、^fh は A 成分が $h_A(f)$ であるような自然変換なんだな。

西郷＜長々と説明してきたが、この hom 関手は次で紹介する「米田の補題」において非常に重要な役割を持つ。

圏 $\mathcal{C}$ における A' から A への射 a に対し、$\mathcal{C}$ から Set への関手 h_A から $h_{A'}$ への自然変換 h_a が、$\mathcal{C}$ の各対象 X に「$h_A(X) = \mathrm{Hom}_\mathcal{C}(A, X)$ の任意の要素 g を、$h_{A'}(X) = \mathrm{Hom}_\mathcal{C}(A', X)$ の要素 $g \circ a$ にうつす Set の射 $(h_a)_x$」を対応させるものとして定義される。

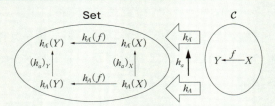

● 上の図式の可換性は、$(f \circ g) \circ a = f \circ (g \circ a)$ すなわち "結合律" そのものである。

$\mathcal{C}$ の対象 A に $\mathrm{Fun}(\mathcal{C}, \mathrm{Set})$ の対象 h_A を、A' から A への $\mathcal{C}$ の射 a に h_A から $h_{A'}$ への $\mathrm{Fun}(\mathcal{C}, \mathrm{Set})$ の射 h_a を対応させる対応付け $h_{(\ )}$ は、$\mathcal{C}$ から $\mathrm{Fun}(\mathcal{C}, \mathrm{Set})$ への反変関手、つまり $\mathcal{C}^\mathrm{op}$ から $\mathrm{Fun}(\mathcal{C}, \mathrm{Set})$ への関手となる。

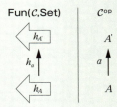

● $\mathcal{C}$ と $\mathcal{C}^\mathrm{op}$ を入れ替えて考えると、以下もわかる。

$\mathcal{C}$ から $\mathrm{Fun}(\mathcal{C}^\mathrm{op}, \mathrm{Set})$ への関手 $^{(\ )}h$ が (h_A 等のかわりに $^B h$ 等を考えて) 定義される。

⑤ 自然変換の例 3：米田の補題

西郷＜引き続き hom 関手についての話だが、まずは hom 関手を域とする自然変換に関する瞠目すべき性質について解説し、その後 hom 関手について再度考察しよう。今から解説する性質というのは、hom 関手を域とする自然変換というなんだかよくわからないものが、ある場合においては集合の要素とみなせるという結果で、**米田の補題（Yoneda's lemma）**の名前で広く親しまれている。

能美＜「よくわからないもの」が「具体的なもの」で表現できるというのは実に関手的だな。

西郷＜関手間の対応について関手的な性質があるという非常に重層的で格調高い結果なわけだ。まずは米田の補題の主張を述べよう。

定理 4.5（米田の補題）

F を局所的に小さな圏 $\mathcal{C}$ から **Set** への関手とする。$\mathcal{C}$ の任意の対象 A について、「h_A から F への自然変換」と「$F(A)$ の要素」とは一対一に対応する。

能美＜改めて言われると、自然変換というなんだか大層なものがたかが集合の要素と対応しているというのは意外なことだ。

西郷＜あるいは我々が集合の本当の力に気付いていないだけなの

131

かもしれない。さて証明はあとに回すとして、F として hom 関手を持ってくるとどうなるか考えよう。$\mathcal{C}$ の対象 B について h_B を考えると、$h_B(A) = \mathrm{Hom}_{\mathcal{C}}(B,A)$ だから「h_A から h_B への自然変換」と「B から A への射」との間に一対一の対応があることになる。

能美＜向きは逆転しているんだな。

西郷＜この対応が反変であることが気になるのなら、双対圏を考えれば良い。この場合、「$^A h$ から $^B h$ への自然変換」と「A から B への射」とが一対一に対応する。この対応 $^{(\,)}h$ を**米田埋め込み（Yoneda embedding）**と呼ぶ。米田埋め込みによって対象が関手に、そして射が自然変換に格上げされているわけだ。ちなみにここで使っている「埋め込み」については次の通り。

定義 4.6

$\mathcal{C},\mathcal{D}$ を局所的に小さな圏とし、F を $\mathcal{C}$ から $\mathcal{D}$ への関手とする。F は、$\mathcal{C}$ の対象 X,Y について定まる $\mathrm{Hom}_{\mathcal{C}}(X,Y)$ から $\mathrm{Hom}_{\mathcal{C}}(F(X),F(Y))$ への写像が単射であるとき**忠実（full）**、全射であるとき**充満（faithful）**、全単射であるとき**充満忠実（fully faithful）**であるという。

関手が充満忠実だと、対象を定めるごとに元の圏と行き先の圏との間で射の集合が同型で、いわば行き先の圏の中に元の圏とまったく同じ世界が再現されることになる。この状況を表して、**埋め込み（embedding）**という言葉が使わ

れることが多い。「$^A h$ から $^B h$ への自然変換」というのは関手圏 Fun($\mathcal{C}^{op}$, **Set**) における射だから、対応 $^{()} h$ は $\mathcal{C}$ から Fun($\mathcal{C}^{op}$, **Set**) への充満忠実関手で埋め込みだということだ。さて米田の補題の証明についてだが、単純ではあるが今までに述べた圏の概念を幅広く使う必要があって、もし圏論に単位認定のための試験があるのなら格好の題材といえるだろう。t を h_A から F への自然変換として、A から X への射 f を考える。このとき t は次の図式を可換にする。

$$
\begin{array}{ccc}
& X \xleftarrow{\quad f \quad} A & \\[2mm]
F & F(X) \xleftarrow{F(f)} F(A) & \\[1mm]
t \Uparrow & t_X \Big\uparrow \qquad\qquad \Big\uparrow t_A & \\[1mm]
h_A & \mathrm{Hom}_{\mathcal{C}}(A,X) \xleftarrow[h_A(f)]{} \mathrm{Hom}_{\mathcal{C}}(A,A) &
\end{array}
$$

能美＜ 自然変換の条件としては $\mathcal{C}$ における任意の射について考えるところを、特に A からの射にしているんだな。

西郷＜ 右下の $\mathrm{Hom}_{\mathcal{C}}(A,A)$ から恒等射 1_A をとると図式の可換性から

$$
F(f) \circ t_A(1_A) = t_X \circ h_A(f)(1_A)
$$

となる。「$h_A(f)$」は「f を後から合成する」という作用だったから $h_A(f)(1_A) = f$ だ。だから

$$
t_X(f) = F(f)(t_A(1_A))
$$

がわかる。これがすべての X および f について成り立つ
のだから、自然変換 t は $F(A)$ の要素 $t_A(1_A)$ だけで決定さ
れる。言い換えれば、1_A を集合 $F(A)$ のどの要素に対応さ
せるかさえ決めれば t 全体が定まるということだ。

能美＜ $F(A)$ から、h_A から $F(A)$ への自然変換全体への対応があ
るわけか。自然変換 t から鍵となる要素 $t_A(1_A)$ を定める対
応が逆写像となるから、$F(A)$ と h_A から F への自然変換
全体とは集合として同型、つまり一対一対応するわけだな。

補題 （米田の補題）：F を圏 $\mathcal{C}$ から Set への関手とする。$\mathcal{C}$ の任意の対象 A について、「h_A から F への自然変換」と「$F(A)$ の要素」とは一対一対応する。

●よって、$\mathrm{Hom}_{\mathrm{Fun}(\mathcal{C},\mathrm{Set})}(h_A, h_B)$ と $\mathrm{Hom}_{\mathcal{C}^{\mathrm{op}}}(A,B)$ の間に一対一対応があることがわかる。$\mathcal{C}$ と $\mathcal{C}^{\mathrm{op}}$ を入れ替えて考えれば、以下もわかる。

定理 $\mathcal{C}$ から $\mathrm{Fun}(\mathcal{C}^{\mathrm{op}},\mathrm{Set})$ への関手 $^{(\,)}h$ は、"埋め込み"（あるいは"充満忠実"）である；つまり、
$\mathrm{Hom}_{\mathrm{Fun}(\mathcal{C}^{\mathrm{op}},\mathrm{Set})}(^{A}h, {}^{B}h)$ と $\mathrm{Hom}_{\mathcal{C}}(A,B)$ との間に一対一対応がある。$^{(\,)}h$ は"米田埋め込み"と呼ばれる。

●米田埋め込みによって、「対象は関手、射は自然変換」と思える！

米田の補題の証明の核心

$$
\begin{array}{ccc}
F(X) & \xleftarrow{\ F(f)\ } & F(A) \\
\Big\uparrow {\scriptstyle t_X} & & \Big\uparrow {\scriptstyle t_A} \\
h_A(X) & \xleftarrow[\ h_A(f)\ ]{} & h_A(A)
\end{array}
\qquad
\begin{array}{ccc}
X & \xleftarrow{\ t\ } & A \\
& & \\
& &
\end{array}
$$

Set $\qquad\qquad$ $\mathcal{C}$

h_A から F への自然変換 t が与えられると、$a := t_A(1_A)$ で $F(A)$ の要素 a が定められ、a が与えられると、$t_X(f) := F(f)(a)$ によって自然変換 t が定められる（このとき $t_A(1_A) := a$ に注意）。これは、一対一対応！

⑥ 自然変換の例４：単位系の変換

西郷＜ここから関手の例で見てきたものに対して自然変換がどの
ように関わっているかを見ていく。まずは単位についてだ。

能美＜数系上のスカラー量系に対する同型射だったな。

西郷＜数系 A を固定して、スカラー量系 X についての単位の一
つを t_X と書くことにすれば、「数系 A 上のスカラー量系
を対象とし、『それらの間の **A−Scal** の射』を射とする圏」
A−Scal から「数系 A のみを対象とし、『A から A 自身
への **A−Scal** の射』」への関手 F を構成することができた。

能美＜スカラー量系を数系 A に対応させ、射 $X \xrightarrow{\ f\ } Y$ につい
ては

$$
\begin{array}{ccc}
Y & \xleftarrow{\ f\ } & X \\
{\scriptstyle t_Y^{-1}}\downarrow & & \uparrow{\scriptstyle t_X} \\
A & \dashleftarrow & A
\end{array}
\tag{4.5}
$$

に基づいて $t_Y^{-1} \circ f \circ t_X$ を対応させるものだったな。

西郷＜さてこのように書くと異なる圏の間の関手だが、数系 A
自身を A 上のスカラー量系だと思えば、F の余域は
A−Scal の一部だとみなせる。こう考えれば、F というの
は **A−Scal** から自分自身への関手なわけだ。一般に圏 $\mathcal{C}$
から $\mathcal{C}$ 自身への関手のことを $\mathcal{C}$ 上の自己関手（endofunctor
on $\mathcal{C}$）と呼ぶが、この用語を用いれば F は **A−Scal** 上の

自己関手だ。すると図式 (4.5) なんかは **Qua** の図式として描いてきたが、こんな幅広い対象を扱う圏ではなく **A−Scal** における図式として考えれば充分だということになる。このことを頭に留めておきながら図式 (4.5) を F を用いて描き直すと次のようになる。

$$
\begin{array}{ccc}
Y & \xleftarrow{\ f\ } & X \\[2pt]
{\scriptstyle t_Y^{-1}}\Big\downarrow & & \Big\uparrow{\scriptstyle t_X} \\[2pt]
F(Y) & \xleftarrow[F(f)]{} & F(X)
\end{array}
$$

能美＜いかにも t や t^{-1} が自然変換だという図式だな。

西郷＜上の列の X や Y には関手が作用していない形で描かれているが、これは恒等関手 id が作用しているのだと捉えれば、これはまさに自然変換がみたすべき可換図式だ。単位をまとめた t は F から id への自然変換で、逆に数値化をまとめた t^{-1} は id から F への自然変換ということだ。あるいは、鶏卵論争となるかもしれないが、関手 F は t^{-1} が id から F への自然変換となるようにうまく t によって定められているとも言えるだろう。

能美＜関手圏の立場から見れば、t や t^{-1} は **A−Scal** 上の自己関手たちの圏における同型射で、F は id と自然同値ということになる。ああなるほど、君が自然同値の話をする際、「自然同値だからといって対象のレベルで一対一対応している

のではない」と言ったのはこういうケースを念頭に入れて
のことか。ここでいえば、id(X) の形をした対象はもちろ
ん考えるスカラー量系と同じだけあるが、$F(X)$ はもちろ
ん数系 A のみだからな。

西郷＜その通りだ。要するに、「単位系さえ整合的に定めておけば」
スカラー量系をすべて考えるのと数系を考えるのは本質的
に同じことだ、というわけだ。ここでついでに記法を導入
しておくと、圏 $\mathcal{C}$ 上の自己関手の成す圏を $\mathcal{C}$ の自己関手
圏と呼び、End($\mathcal{C}$) と書く。要は End($\mathcal{C}$)＝Fun($\mathcal{C}, \mathcal{C}$) とい
うことだ。ところで見方を変えれば、単位の例は **A−Scal**
と自分自身との間の圏同値の例を示している。

能美＜とはいえ、スカラー量系をすべて考えるのと数系を考える
のは本質的に同じことだというのは、算数を習得していれ
ば皆が知っていることをわざわざ圏論的に難しく言っただ
けではないのか。

西郷＜その通りだが、圏論的に言い換えることで、その「皆が知っ
ていること」と本質的に同じこととして、一見より難しい
ことの理解のカギとなるのだ。たとえば、高校生であれば、
平面なり空間なりの点の位置は「座標系をとると」いくつ
かの数の組によって表せることを知っているだろう。大学
の線型代数では「基底を定めると数ベクトルで表せる」と
いうことを学ぶかもしれない。これらは、実は上に述べた
算数レベルのことと同じようなことなのだ。

能美＜つまり、「座標系をとる」というのは、自然同値を定める

ということなのか。

西郷＜そう。それにより、「それがそこへの自然同値となるような」関手を定めるわけだ。その関手は、ものごとをある見方によって「表現」している。そして、違う座標系に移ったときにどのように見え方が変わるかということを考えると、元の座標系に対応する自然同値を「さかのぼってから」新しい座標系に対応する自然同値を考えればよいから、全体としてこれも自然同値となる。

能美＜要するに、「座標変換」というのも自然同値、すなわち可逆な自然変換として捉えられる、ということなんだな。

西郷＜そうだ。さらに別の例を見てみよう。

> **復習** 数系 A 上の各スカラー量系 X に対し単位 t_X を定めると、「A 上のスカラー量系を対象とし準同型を射とする圏」から「A を対象とし A から A への準同型を射とする圏」への関手 F_t が、任意の対象に対し $F_t(X)=A$、および X から Y への任意の射 f に対し $F_t(f)=t^{-1}{}_Y \circ f \circ t_X$ として定まる。

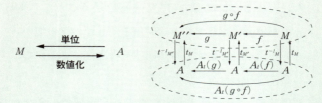

- 「A を対象とし A から A への準同型を射とする圏」が「A 上のスカラー量系を対象とし準同型を射とする圏」の一部をなすと考えれば、関手 F_t は「A 上のスカラー量系を対象とし準同型を射とする圏」から自身への関手とも読み替えられる。

> このとき「数値化」t^{-1} は、「A 上のスカラー量系を対象とし準同型を射とする圏」の恒等関手から F_t への自然変換となる。これは可逆なので、自然同値である:あるいは、「単位」t は、t^{-1} がそこへの自然同値となるように F_t を定義する。

- 「多次元」では「基底」を考えればよい。
- 「圏同値」の簡単な例を与えてもいる。

⑦ 自然変換の例5：
絡作用素、ユニタリ同値、フーリエ変換

西郷＜次は群の線型表現と自然変換との関係だ。線型表現というのは群から体上の線型空間の圏への関手のことだった。したがって、線型表現たちの間の自然変換が考えられる。個々の表現が「見方」とすれば、その間の「見方の転換」だな。

定義 4.7

線型表現の間の自然変換を**絡作用素**（intertwiner）あるいは**繫絡作用素**と呼ぶ。二つの線型表現の間の絡作用素が可逆であるとき、つまり線型表現が互いに自然同値であるとき、同値な線型表現という。

　「同値な線型表現」という呼び方について、線型表現が関手圏における対象であることから「同型な線型表現」とも呼ばれる。ところで群とはモノイドの一種だから対象を一つだけ持つ。このため線型表現や絡作用素についてはもう少し具体的に言及できる。Gを群、Kを体として、Gの射を線型表現で$K-\mathbf{Vec}$にうつすと、これはK上のある線型空間から自分自身への線型写像にうつる。群では任意の射が可逆だから、うつった先の線型写像も可逆だ。

能美＜自然変換について考えると、一般の圏では射を束ねた

ものということだったが、今対象が一つしかない場合を考えているわけだから、単なる射と同一視できるな。線型表現 F から線型表現 F' への絡作用素 t について、G の一つしかない対象を X とすれば、t は t_X 以外に成分を持たない。可換であるべき図式は、G の任意の射 g についての

$$
\begin{array}{ccc}
F'(X) & \xleftarrow{\ F'(g)\ } & F'(X) \\
\Big\uparrow{\scriptstyle t_X} & & \Big\uparrow{\scriptstyle t_X} \\
F(X) & \xleftarrow{\ F(g)\ } & F(X)
\end{array}
$$

だ。

西郷＜つまり絡作用素の実体は t_X なる線型写像だということだ。まとめると、線型表現とは群の射からある線型空間から自分自身への可逆な線型写像への対応、そして絡作用素とは線型写像で可換性に関する条件をみたすものだ。さて線型表現について、うつり先の線型空間が $\mathbb{C}$ 上のヒルベルト空間の圏 **IsHilb** である場合、これは特にユニタリ表現と呼ばれていたが、ユニタリ表現の間の自然同値は**ユニタリ同値**（**unitary equivalence**）と呼ばれる。

能美＜さっき確かめたことを使えば、ユニタリ同値を与える自然変換の実体は **IsHilb** の同型射だな。

西郷＜言い換えれば、ヒルベルト空間の間の内積を保つ可逆

な線型写像だ。こういうものの最も有名な例の一つは**フーリエ変換**（Fourier transform）だろう。つまりフーリエ変換は自然同値の一種であるということだ。フーリエ変換について知識のある読者は、どうしてそのように言えるのか考えてみると、ここまでのよい復習となるだろう。

能美＜知らない読者はどうすればいいんだ。

西郷＜「自然変換の一種なのだろう」という理解にとどめておけばよいのだと思う。そしていつか何かの理由でフーリエ変換を学ぶ際に、自然変換なのだから「見方の転換」なのだろうと心づもりしておくだけで、心理的障壁はずいぶん下がるだろう。「単位」とか「座標系」の変換と同じようなことのはずなのだから。実際、私は自然変換のアイデアをフーリエ変換より先に知っていたので、「ああこれは自然変換なのだな」とわかり、親しみを覚えたものだ。

能美＜君が先に述べていたように、自分の理解できる例を通じて圏論の概念に親しめば、自分にとって新規な概念を理解する手掛かりになる、というわけだな。たとえばプログラマが自分の分野での事例を通じて自然変換を理解すれば、数学のいろいろな事例もわかりやすくなるかも知れない。

西郷＜まさにそういうことのために圏論をさらに役立ててもらえばよいと思っている。ところで、群 G のひとつ

ひとつのユニタリ表現は、いわば G についてのひとつひとつの「見方」を表している。ひとつの見方だけで G のすべてを理解することはできないだろうが、ありとあらゆる見方を集めたらどうなるだろうか。

能美＜つまり、G のユニタリ表現という「見方」を全部集めたものから G のありようを復元できるかということか？なかなか難しそうな問題だな。哲学的な感じもする。

西郷＜圏論的に言えば、「見方を全部集める」というのは、ちょうど関手圏を考えることに対応する。いまでいえば、$\mathrm{Fun}(G,\mathbf{IsHilb})$ を考えるわけだ。この圏をよく $\mathbf{Rep}G$ と書く。素晴らしいことに、この G がコンパクトという条件を満たす場合には、$\mathbf{Rep}G$ から G を復元できる。これを淡中 − クレイン双対性と呼ぶ。この定理やその一般化は数理物理との深い関係を持っているのだが、これについて概略を知りたい読者は絶賛発売中の『圏論の歩き方』（日本評論社）の第 7 章および第 9 章などを参照してほしい。

能美＜自著の宣伝を紛れ込ませる強引さには恐れ入るな。

西郷＜さあ、ここまでのことをまとめよう。

復習 体 K 上の線型空間を対象とし、線型写像を射とする圏を $K-\mathrm{Vect}$ と呼ぶ。群 G から $K-\mathrm{Vect}$ への関手は、G の "K 上の線型表現" と呼ばれる。

> 線型表現の間の自然変換を、絡作用素（繋絡作用素, intertwiner）と呼ぶ。二つの線型写像のあいだに可逆な絡作用素、すなわち自然同値があるとき、同値な表現という。これは $\mathrm{Fun}(G, K-\mathrm{Vect})$ における同型であり、「同型な表現」とも呼ばれる。

● 群はモノイド（一つの対象のみをもつ圏）の一種だから、各自然変換は一つの射であって可換性の条件をみたすもの（ここでは絡作用素という線型写像）となる。

復習 （$\mathcal{C}$ 上の）ヒルベルト空間を対象とし、その間の「内積を保つ」線型写像を射とする圏を、IsHilb と呼ぶ。群 G から IsHilb への関手を G のユニタリ表現と呼ぶ。

> 二つのユニタリ表現の間の自然同値は、"ユニタリ同値" と呼ばれる。

● "フーリエ変換" はユニタリ同値の例である：自然変換はフーリエ変換の究極的な一般化！

> $\mathrm{Fun}(G, \mathrm{IsHilb})$ は $\mathrm{Rep}\,G$ とも書かれる。これは、量子論、とくに量子場の数理において根本的な役割を果たす圏である。

第3章・第4章のまとめ

- 圏から圏への射が関手である。関手は「表現」（モデル、理論、見方…）に対応。

- 関手から関手への射が自然変換である。自然変換は「表現」の間の変換。

- 関手を対象とし、その間の自然変換を射とする圏が関手圏である。米田埋め込みを通じて、圏は関手圏の一部と思える。したがって：「対象とは関手、射とは自然変換」と思える！

- 関手圏の同型が自然同値。自然同値な表現は、異なっていても「本質的に同じ」。

- 圏論は自然同値、つまり異なるものの間の「本質的な同じさ」を論じるための枠組み。

第5章

普遍性

① 終対象と始対象

西郷＜射、関手、自然変換と圏論に現れる重要な三種類の矢印についての話が一段落ついたから、次はこの矢印によって定められる性質について話そう。

能美＜なるほど、三本束ねると折れないという話だな。

西郷＜あてずっぽうで無茶苦茶なことを言うんじゃない。これから話すのは「普遍性」についてだ。「普遍性」というと、一般的にはどんなものに対しても成り立つ性質で、個々のものが持つ特性とは対照的なものと思うかもしれないが、圏論でいう普遍性は個が持つ特性としてのものだ。

能美＜ということは、あるものが他のすべてに対してとりもつ何らかの関係ということか。

西郷＜そういった関係性は、今まで散々話してきたように射を用いて表現できる。まずは普遍性について理解するための要となる終対象および始対象を定義しよう。

定義 5.1

圏 $\mathcal{C}$ の対象 T について、$\mathcal{C}$ の任意の対象 X に対しても X から T への射がただ一つ存在するとき、T を $\mathcal{C}$ の **終対象**（terminal object）と呼ぶ。この一意的な射を $!x$ と書くことが多い。また、$\mathcal{C}$ の反対圏 $\mathcal{C}^{\mathrm{op}}$ における終対象を $\mathcal{C}$ の **始対象**（initial object）と呼ぶ。

能美＜どんなものからでもただ一つの射が存在するのが終対象、どんなものへでもただ一つの射が存在するのが始対象ということだな。矢印の流れの終わりと始まりといったところか。

西郷＜圏論における「普遍性」とは、簡単にいえば「他のすべてのものとの関係性における特別さ」といえる。その「特別さ」は、終対象、始対象と同じく一意な射の存在で特徴付けられる。終対象、始対象としては、前順序集合の場合がもっとも単純な例となるだろう。前順序集合とは、どんな対象の間にも射が高々一つしか存在しない圏だったから、定義における射の「一意性」はアタリマエとなり、「存在」のみ考えればよい。

能美＜前順序集合の射は大小関係だから、終対象はどんな対象に対してもそれ以上に大きな対象ということになる。つまり終対象とは最大の対象ということだ。

西郷＜逆に始対象は最小の対象で、一般の圏に対する始対象、終対象の概念は最小、最大の概念をうまく拡張したものといえる。さて、しばしば誤解されるが、始対象、終対象はどんな圏においても存在するわけではない。前順序集合の場合においてすら、存在するとは限らないのだから。

能美＜それはまあ、「最大」や「最小」にしても存在するとは限らないからな。

西郷＜さらに、終対象や始対象はただ一つに定まるものでもない。しかし、もしいくつか存在したとしてもそれらは互いに同

型となることを示すことができる。しかも、その証明は圏論の典型的な演習問題だから、君がやってみるとよいだろう。

能美＜仮に $T,\ T'$ が終対象だとする。T' が終対象であることによって射 $T \rightarrow T'$ が一意に存在する。また T が終対象であることによって逆向きの射 $T' \rightarrow T$ が一意に存在する。この二つを合成することで T から T への射が得られるが、T から T への射としては他に恒等射 1_T が存在する。T は終対象なのだから T から T への射は一つでなければならず、これらは等しい。合成の順序を逆にして得られる T' から T' への射についても同様で、$T,\ T'$ は同型だ。

西郷＜その通りだ。こういった状況を**同型を除いて一意**（unique up to isomorphism）と称する。圏論における実質的な一意性を表す概念といえる。

さて、前順序集合以外の圏において、具体的にどういった対象が始対象、終対象としての性質を持つか見てみよう。まず集合圏 Set では要素を一つだけ持つ集合が終対象で、要素を持たない集合が始対象だ。

能美＜ T をただ一つの要素を持つ集合とし、X を任意の集合とすると、X から T への写像は、もちろん「X の要素すべてを T のただ一つの要素に対応させる」写像があるし、それしかない。よって、要素を一つだけ持つ集合 T は終対象だな。逆に、要素が二つ以上ある集合への写像は複数存在するし、空集合への写像は「行先に要素がない」のだ

から存在しない。よって、「要素を一つだけ持つ集合であること」と「Setにおける終対象であること」とは同じことであるといえる。

西郷＜このようにして、「ただ一つの要素を持つという性質」の話が「他のすべてのものとの関係」の話に書き換えられた。さらに、そのように関係的に定義された「終対象」の概念を出発点に、むしろ要素というものを「定義する」道も拓かれる。「集合 X の要素とは、集合圏の終対象から X への射である」とでもすればよいだろう。

能美＜いわば要素を、「それを指さすこと」という操作に対応する写像で置き換えてしまうのだな。

西郷＜圏論では一般に、「要素」の記述をより一般的な「射」のことばに置き換えていく。このことで、要素にこだわりすぎると見えなかった構造が見えてくるのだ。

能美＜ところで、終対象はまあよいとして、空集合が始対象であるとはどういうことなんだ。入力がない写像とは一体なんのことなんだ。

西郷＜写像の定義というのは、「入力に対しては必ず出力が一意に定まる」ということなのだから、入力が何もないのであれば「何も出力しない」という操作も立派な写像となるのだよ。もちろん何も入れていないのにいきなり出力が出たらびっくりするから、空集合からの写像はこれしかない。というわけで始対象だ。

能美＜なんだかだまされたような説明だなあ。そこまでいくと写

像の定義を厳密にはどうするかという問題になりそうだ。

西郷＜まさにそうであって、公理的集合論というのはその中で集合や写像の概念の厳密な定義を与える理論となっている。面白いことに、そのような理論としては、それ自体圏論的なものを考えることも可能だ。くわしくは第8章で少し話すことにしよう。さて、集合圏 Set においては終対象は「一点のみからなる集合」、始対象は空集合と、いわば対照的なものだったが、量系の圏 Qua では、それらの概念が一致してしまう。

能美＜「一にして全 (Hen kai pan)」というのは聞いたことがあるが「一にして空」みたいなことか。なんだかわけがわからんぞ。これは禅問答か。

西郷＜そのように集合圏 Set のみのイメージにとらわれすぎてしまうと、「そんなものあるのか」という気持ちになるが、量系の圏 Qua においては、量0だけから成る量系が終対象であり、しかも始対象でもある。こういった対象のことを**零対象**（zero object）と呼び0と書く。

能美＜なるほど。終対象とか始対象とかというのは個々の圏において定まるのだから、圏の個性が違えば当然一見全く異なるものがそれらに該当することになるのだな。

西郷＜まさにその通りだ。そうした悟りを積み重ね、思考の慣習化という「執着」から自由になることが圏論上達の道であるという意味では、君の「禅問答」という表現もあながち見当外れではないのかもしれない。

- 「普遍性」というと、「個と普遍」のように、個別的なものの対義語のようだが、圏論における「普遍性」はいわば「個が普遍」。
- 個の上に立つレベルに普遍があるのではなく、「個が」、他のすべての個とある種の関係にあるとき、それが「普遍」。
- 圏論における普遍性を理解する要は、「終対象」および「始対象」の理解。

> 圏 $\mathcal{C}$ の対象 T が $\mathcal{C}$ の終対象であるとは、任意の $\mathcal{C}$ の対象 X それぞれから T へ射がただ一つ存在することを言う(この射は $!_X$ などと書かれる)。双対的に(矢印の向きをひっくりかえして)始対象の概念が定義される(双対圏の終対象)。

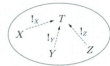

- 終対象(始対象)は、前順序集合での「最大(最小)の対象」の概念を一般の圏にまでうまく拡張したものと思える。

> 終対象(始対象)は存在するとは限らず、一意でもない。しかし、終対象(始対象)どうしは存在すれば互いに同型である。これを「同型を除いて一意」という。

- **Set** では:一個の要素からなる集合は終対象、要素をもたない集合(「空集合」)は始対象。
- **Qua** では:0のみからなる量系は終対象かつ始対象(こういうものを「零対象」という)。

② 積と余積

西郷＜ここでは重要な例である積、そしてその双対概念である余積について定義して、それらが終対象、始対象とどのように関係しているかについて見ていこう。

能美＜「双対概念」というと、双対圏のように矢印を逆転させたもののことか。

西郷＜そうだ。短縮して単に双対とも呼ぶ。定義を見直せばわかるが始対象は終対象の双対で、「双対」という考え方を用いることでどちらか一方だけを定義すれば良いことになる。さて積についてだが、定義は以下の通り。終対象と同じく積もまたどんな圏に対しても存在するというわけではないし、一意とも限らないが、「存在すれば互いに同型」であることは簡単に示せる。

定義 5.2

圏の対象 A, B に対して、対象 P、射 $P \xrightarrow{p_A} A$、射 $P \xrightarrow{p_B} B$ の三つ組 $\langle P, p_A, p_B \rangle$ が A, B の**積**（product）であるとは、他の同様な三つ組、すなわち対象、射 $X \xrightarrow{x_A} A$、射 $X \xrightarrow{x_B} B$ の三つ組 $\langle X, x_A, x_B \rangle$ に対して、射 $X \xrightarrow{x} P$ で図式

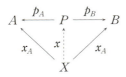

を可換にするものがただ一つ存在するときにいう。このとき対象 P を $A\times B$ と書き、x_A, x_B から一意に定まる射 x を本書では $\binom{x_A}{x_B}$ と書く。また p_A, p_B を **射影**（**projection**）と呼ぶ。

能美＜ いきなりこんな定義を書かれてもわけがわからんぞ。「射影」というからには、その影みたいなものが A やら B にうつるということなのだろうが。

西郷＜ Lawvere と Schanuel が書いた『Conceptual Mathematics』という圏論の入門書のはじめの方に、ガリレオが空間における運動をどう取り扱ったかという話があって、それが上の定義を理解するのにぴったりだから簡単に説明しよう。いま空中を自由に鳥が飛びまわっているとする。その動きを一挙に理解するのが難しいとすると、その「高さ」の変動という「直線上の運動」と「地上にうつった影の変動」という「平面上の運動」との組を考えればよい、というのがガリレオの重要な思考だった。

能美＜ なるほど。「高さ成分」および「水平成分」への「射影」を考えるということなのだな。いまとなってはアタリマエの考えのように思うが。

西郷＜わかってしまえばそうだろうが、わかるまではわからない
　　　ものだ。おそらく、射影を考えることはできても、そこか
　　　らもとの運動が「復元できる」という感覚を捉えるのが難
　　　しいのだ。実はこの「復元できる」ということが、先の積
　　　の定義における「図式を可換にするものがただ一つ存在す
　　　る」という条件なのだ。

能美＜鳥の飛翔の例でいうと、P が「空間」、A, B がそれぞれ高
　　　さに対応する「直線」と地面に対応する「平面」であり、
　　　p_A, p_B がそれぞれ「直線への射影」「平面への射影」に対
　　　応するのだな。ここで運動というのは「各時刻に対する位
　　　置を定めるもの」とも思えるから、X を時間とするとき
　　　x_A, x_B は高さの変動という「直線上の運動」および影の変
　　　動という「平面上の運動」だ。

西郷＜その通り。そして $\begin{pmatrix} x_A \\ x_B \end{pmatrix}$ というのが、そこから復元された
　　　鳥の「空間内の運動」ということになる。つまり、ガリレ
　　　オは「空間は直線と平面の積である」ということに着目し、
　　　これを物理学の基礎に据えたのだ [*1]。もちろん今は例とし
　　　て「時間」に注目したが、別に何を考えてくれてもよい。
　　　ここまでの話からも推測できると思うが、集合圏 **Set** では
　　　「A の要素と B の要素をこの順に並べたもの」の集合が積

[*1] もちろん、この議論における「空間」は 3 次元空間のことである。ただし、数学
　　で単に「空間」というときは、「近さの概念が定義された集合」というきわめて
　　一般的な概念を指すことに注意。

[*2] 実をいうと、この「順に並べたもの」というのを集合論的に「厳密」に定義する
　　ことはちょっと面倒だし、その定義の仕方にもいろいろある。しかし、積である
　　以上は同型になる。

$A \times B$ となる[*2]。量系の圏 **Qua** においても同様に考えて、「量系の要素を並べたもの」全体をひとつの量系とみたものを考えればよい。しかし、圏によっては、それらとは一見全く異なるものが積になることもある。

能美＜ともかく、射影によって分析できるだけではなく、「およそのように分析できるものは、過不足なくそこに位置付けられる」というような概念が積なのだな。それを「他の対象からそこへの射が一意に存在する」という形で定式化するわけだが、これが終対象の定式化と似ているわけだな。

西郷＜実は単に似ているだけにとどまらず、適切な設定の下である圏の終対象だと言えるんだ。詳細は圏における「極限」の定義で触れるが[*3]、図式を「図式の理念の圏」からの関手だと捉えてその関手圏を考えることになる。この関手圏はいわば「同様の形をした図式」たちから成る圏で、ここでの終対象が極限となる。そして積は極限の一例なんだ。

能美＜まあなにやらよくわからんということはよくわかった。極限の定義を待とう。次は余積か？

西郷＜始対象と同じく、「双対圏における積を元の圏の余積と呼ぶ」としても良いのだけれど、ちゃんと書くと次の通りだ。

定義 5.3

圏の対象 A, B に対して、対象 S、射 $S \xleftarrow{\iota_A} A$、射 $S \xleftarrow{\iota_B} B$ の三つ組 $\langle S, \iota_A, \iota_B \rangle$ が A, B の**余積**（**coproduct**）

[*3] 5.7 節。

であるとは、他の同様な三つ組、すなわち対象 X、射 $X \xleftarrow{x_A} A$、射 $X \xleftarrow{x_B} B$ の三つ組 $\langle X, x_A, x_B \rangle$ に対して、射 $X \xleftarrow{x} S$ で図式

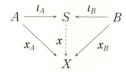

を可換にするものがただ一つ存在するときにいう。このとき対象 S を $A+B$ と書き、x_A, x_B から一意に定まる射 x を本書では $(x_A \ x_B)$ と書く。また ι_A, ι_B を**入射**（**injection**）と呼ぶ。

集合の圏 **Set** においては、A と B の「非交和」[*4] が $A+B$ となる。**Qua** では、積が実は余積でもある。より詳しく言えば、積と余積とが自然に定まる射によって同型となる。このあたりのことについてはあとでまた話そう[*5]。

[*4] ざっくりいえば A の要素および B の要素の全体だが、その両方に属する要素については「A の要素としてのそれ」と「B の要素としてのそれ」とを区別したうえで考えた集合。「延べ人数」を考えるときに思い浮かべるアレである。
[*5] 5.4 節。

> ある圏において、対象 P、P から A への射 p_A、
> P から B への射 p_B の三つ組 (P, p_A, p_B) が
> その圏における「A と B の積」であるとは、任意の対象 X、X から
> A への射 x_A, x_B への射 x_B の三つ組 (X, x_A, x_B) について、
>
> $$x_A = p_A \circ f \text{ および } x_B = p_B \circ f$$
>
> となるような X から P への射 f がただ一つ存在することをいう。
> このような対象 P を $A \times B$ のように書き、
> 射 x_A, x_B から定まる上の射 f を
> (本書では) 右のように $\begin{pmatrix} x_A \\ x_B \end{pmatrix}$
> x_A, x_B を縦に並べカッコに包んで書く。

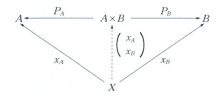

> 積は、「『同様な形をした図式』の圏」の終対象と思える。同型を除いて一意に定まる。

- **Set** では：集合の「直積」が積。

- **Qua** では：集合の直積をもとにして定まる（実は後述の「余積」にもなる）。

ある圏において、対象 P'、A から P' への射 i_A、
B から P' への射 i_B の三つ組 (P', i_A, i_B) が
その圏における「A と B の余積」であるとは、任意の対象 X、A から X への射 x_A, B から X への射 x_B の三つ組 (X, x_A, x_B) について、

$$x_A = g \circ i_A \text{ および } x_B = g \circ i_B$$

となるような P' から X への射 g がただ一つ存在することをいう。
このような対象 P' を $A+B$ のように書き、
射 x_A, x_B から定まる上の射 g を
(本書では) 右のように $\begin{pmatrix} x_A & x_B \end{pmatrix}$
x_A, x_B を横に並べカッコに包んで書く。

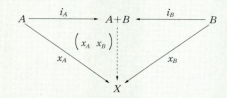

余積は、「『同様な形をした図式』の圏」の始対象と思える。同型を除いて一意に定まる。

- **Set** では：集合の「非交和」が余積。

- **Qua** では：$A + B$ と $A \times B$ が (自然に定まる射により) 同型。本書では「直和」$A \oplus B$ と呼ぶ。

③ 積関手

西郷＜ここでは積について掘り下げて、射の積や積の関手的な取り扱いについて話そう。

能美＜余積については双対を考えるだけだから省エネで良いな。

西郷＜ものごとの本質的な部分を整理することで得られた恩恵だな。さてまずは射の積についてだが、二つの射 $A \xrightarrow{f} A'$, $B \xrightarrow{g} B'$ を基にして $A \times B$ から $A' \times B'$ への射を積の普遍性によって定めるというものだ。

能美＜聴いているだけでもややこしそうじゃないか。

西郷＜実際に構築してみるとそうややこしいものでもない。第一段階は射 $A \xleftarrow{p_A} A \times B \xrightarrow{p_B} B$ と f, g とを合成することだ。こうすると、$A \times B$ から A', B' への射が得られることになる。

能美＜となると、あとは $A' \times B'$ の積としての性質から、射 $A \times B \xrightarrow{h} A' \times B'$ で

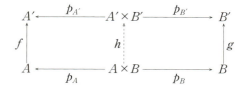

を可換にするものが一意に存在する。導入した記法を用いれば $h = \begin{pmatrix} f \circ p_A \\ g \circ p_B \end{pmatrix}$ だな。

西郷＜この一意な射を f, g の**積**と呼んで $f \times g$ と書く。

能美＜対象の積、射の積ときたから、「積をとる」という関手が定められるわけか。

西郷＜そう、任意の対象 A に対して「A との積をとる」という関手 $A \times (\ )$ を定義することができる。これは、対象、射の対応について一言でいえば $X \xrightarrow{\quad f \quad} Y$ に対して $A \times X \xrightarrow{\quad 1_A \times f \quad} A \times Y$ を対応させるものだ。

能美＜対応させるといったって、対象の積というのは一つに定まるものではないんだろう？

西郷＜急にそんな厳密な態度をとって私を困惑させないでくれ。とはいえ実際その通りで、この対応ではいくつもあり得る積のうちの一つを選ぶ。ただしこれらはすべて同型だから、圏論的な議論をする上では違いは問題にならないんだ。

能美＜ふうん、そんな曖昧なことで良いのか？

西郷＜これは「おざなり」という意味での「好い加減」に思えるかもしれないが、実は字義通りの「好い加減」な定め方なんだ。今まで何度も言っている通り、同型というのは重視したい「本質的な同じさ」を意味するのだから、ここでは些末な違いを除いた本質的な対応付けを行っているといえる。圏論で重要なことは、何を以て「本質的な同じさ」とするかを自由に設定できるという点だ。この戦略的な曖昧さをうまく用いた圏のデザインにその人自身の思想が表現されると言って良いかもしれない。

能美＜「どんな圏を作っているか言ってみたまえ。君がどんな人であるか言いあててみせよう」ということだな。

西郷＜何をわけのわからないことを言っているんだ？関手 $A \times (\ )$ に話を戻すと、これは自己関手なわけだが、可換図式

$$
\begin{array}{ccc}
A \times X & \xrightarrow{\ 1_A \times f\ } & A \times Y \\
{\scriptstyle p_X} \downarrow & & \downarrow {\scriptstyle p_X} \\
X & \xrightarrow{\quad f \quad} & Y
\end{array}
$$

を見るといかにも自然変換だという形をしているだろう。

能美＜ $A \times (\ )$ から恒等関手への自然変換で、X 成分が p_X であるようなものがあるということだな。

西郷＜単に積というと対象の方を思い浮かべてしまうが、実際には射影の方が本質を担っているといえるだろう。もっとも、射の方が重要だというのは圏一般にいえることではあるが。さて、この**積関手**（product functor）は後に紹介する「冪」[*6] と合わさって圏論的に非常に重要な概念へと導いてくれるのだが [*7]、ここは積の普遍性についての話だから一旦ここで切り上げよう。

[*6] 第 6 章参照。
[*7] 第 7 章参照。

積をもつ圏 $\mathcal{C}$ においては、A から A' への射 f と B から B' への射 g に対し、$A \times B$ から $A' \times B'$ への射 $f \times g$ (「射の積」) が $p_{A'} \circ (f \times g) = f \circ p_A, p_{B'} \circ (f \times g) = g \circ p_B$ をみたすただ一つの射として定まる。

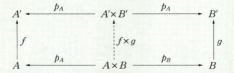

圏 $\mathcal{C}$ が積をもつとき、$\mathcal{C}$ の任意の対象 A に対し「A と積をとる関手」$A \times (\ )$ が、任意の対象 X に対しては対象 $A \times X$ を
任意の射 f に対しては射 1_A を
対応させるものとして定義できる。これは $\mathcal{C}$ から $\mathcal{C}$ 自身への関手 ($\mathcal{C}$ 上の「自己関手」) の例。

● $A \times X$ は同型を除いて一意に定まるので「適当に選択して」定める (実は深い問題に関連)。

各対象 X に対して $A \times X$ から X への「射影」p_X を対応させる対応付けは関手 $A \times (\ )$ から $\mathcal{C}$ 上の恒等関手 (「何もしない」関手) への自然変換となる。

● 積にとっては「射影」という射こそが本質。

④ 線型代数の土壌

西郷＜積、余積に関する定義がひとまず終わったところで、量系
　　　の圏 Qua について考えてみよう。終対象や積を定義する
　　　ところで少し触れたが、**Qua** においては終対象は始対象
　　　でもあり、積は余積でもある。

能美＜「同じものだ」というみなし方も同型を除いて考えている
　　　わけだな。

西郷＜そもそも終対象も積も同型による違いを除かないと一つに
　　　定まるものではないからな。終対象でもあり始対象でもあ
　　　るものを零対象と呼び、0 と書くことにしていたのだった。
　　　さて、もし圏が零対象を持てば、どんな対象間にも零対象
　　　を経由した射が存在することになる。

能美＜対象 X, Y について、0 が終対象であることから X から 0
　　　への射が一意に存在し、また始対象であることから Y へ
　　　の射が一意に存在する。これらを合成すれば X から Y へ
　　　の射が得られるな。

西郷＜ X, Y と零対象との間の射は零対象の選び方に依存してし
　　　まうが、これらを合成した射は零対象の選び方を変えても
　　　変わらないことが証明できる。この合成射を X から Y へ
　　　の**零射**（**zero morphism**）と呼び、$0_{X,Y}$ と書くことにする[*8]。

[*8] 零射自体は圏が零対象を持たない場合にも定義できるより一般的な概念だが、零
　　対象を持つ場合にはこの定義と一致する。

零射を用いれば、余積から積への射を構成することができる。対象 A, B について、$A \xrightarrow{1_A} A \xleftarrow{0_{B,A}} B$ を基にして $A+B$ から A への射 $(1_A\ 0_{B,A})$ が得られる。同様にして $A \xrightarrow{0_{A,B}} B \xleftarrow{1_B} B$ からは B への射 $(0_{A,B}\ 1_B)$ が得られるから、あとは $A \times B$ の積としての性質から $A+B$ から $A \times B$ への射が存在することがわかる。

能美＜ 最後のステップは

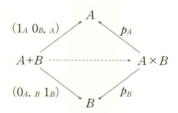

という積の性質を使っているんだな。表記は $\left(\begin{smallmatrix}(1_A\ 0_{B,A})\\(0_{A,B}\ 1_B)\end{smallmatrix}\right)$ か。気持ち悪いな。

西郷＜ 今は $A+B$ の余積としての性質を用いてから $A \times B$ の積としての性質を用いたが、順序を逆にしても $A+B$ から $A \times B$ への射が得られる。

能美＜ A から $A \times B$ への射 $\binom{1_A}{0_{A,B}}$ と B から $A \times B$ への射 $\binom{0_{B,A}}{1_B}$ とを用いて $A+B$ から $A \times B$ への射 $\left(\binom{1_A}{0_{A,B}}\ \binom{0_{B,A}}{1_B}\right)$ を作るわけか。括弧での区切りが違うけれど、中身はさっき求めたものと同じだな。

西郷＜ 前者が「横ベクトルから成る縦ベクトル」、後者が「縦ベクトルから成る横ベクトル」の形をしているが、積、余積の射の一意性をうまく用いれば両者が等しいことが証明で

きる。実はこの事実は「射の行列表示」と関わる非常に重要なことなのだが、ひとまず話を先に進めよう。この $A+B$ から $A \times B$ へ零射を用いて構成された射が同型であるとき、積 $A \times B$ あるいは余積 $A+B$ のことを本書では A, B の**直和**（**direct sum**）と呼び [*9]、$A \oplus B$ と書く。そして零対象と任意の対象 A, B に対して直和 $A \oplus B$ が定義できる圏を**量圏**と呼ぶ。

能美＜**Qua** はこの性質を満たしているから、量圏というのは **Qua** みたいなものということだな。

西郷＜こういう圏の何が重要かというと、量圏では線型代数を展開できるんだ。まずは直和から直和への射が行列表示できるということを示そう。射 $A_1 \oplus A_2 \xrightarrow{\ f\ } B_1 \oplus B_2$ が与えられると、$A_1 \oplus A_2$ の余積としての入射と $B_1 \oplus B_2$ の積としての射影とを用いて A_1 や A_2 から B_1 や B_2 への射を構成することができる。

能美＜$j=1, 2$ に対して入射 $A_j \to A_1 \oplus A_2$ を ι^j、$k=1, 2$ に対して射影 $B_1 \oplus B_2 \to B_k$ を p^k と書くことにすれば

$$A_1 \oplus A_2 \xrightarrow{\ f\ } B_1 \oplus B_2$$
$$\iota^j \uparrow \qquad\qquad \downarrow p^k$$
$$A_j \dashrightarrow B_k$$

から $p^k \circ f \circ \iota^j$ という A_j から B_k への射が得られる。

[*9]　一般には「双積」と呼ばれる。

西郷＜j, k の取り方は 4 通りあるから、これで 4 つの射が得られることになる。$p^k \circ f \circ \iota^j$ のことを ${}^k f_j$ と書くことにしよう。さてこのとき、$A + B$ から $A \times B$ への射を零射を通じて構成したときと同様の手順で、$A_1 \oplus A_2$ から $B_1 \oplus B_2$ への射が ${}^k f_j$ たちを用いて構成できる。

能美＜二通りのやり方があったが、最初の方にならうと $A_1 \oplus A_2$ から B_1 への射 $({}^1 f_1 \ {}^1 f_2)$、B_2 への射 $({}^2 f_1 \ {}^2 f_2)$ が構成できて、これらを合わせれば $A_1 \oplus A_2$ から $B_1 \oplus B_2$ への射 $\left(\begin{smallmatrix} {}^1 f_1 \ {}^1 f_2 \\ {}^2 f_1 \ {}^2 f_2 \end{smallmatrix} \right)$ が得られるな。

西郷＜f を一旦ばらばらにしたあと再構成して得られた射なのだから、これは f に等しくあってほしいものだが、実際等しいんだ。${}^1 f' = ({}^1 f_1 \ {}^1 f_2)$, ${}^2 f' = ({}^2 f_1 \ {}^2 f_2)$ として $f' = \left(\begin{smallmatrix} {}^1 f' \\ {}^2 f' \end{smallmatrix} \right)$ とおこう。${}^1 f'$ は

$$ {}^1 f' \circ \iota^1 = {}^1 f_1, \quad {}^1 f' \circ \iota^2 = {}^1 f_2 $$

をみたす一意な射だが、この条件は $p^1 \circ f$ もまた満たしている。

能美＜まあそう定義したからな。ということは ${}^1 f' = p^1 \circ f$ なのか。

西郷＜同様に ${}^2 f' = p^2 \circ f$ だ。ところで f' は

$$ p^1 \circ f' = {}^1 f', \quad p^2 \circ f' = {}^2 f' $$

をみたす一意な射だが、今 f もこの条件をみたすことがわかったから $f' = f$ だ。

能美＜射の集め方として二つ目の方法をとれば $\left(\left(\begin{smallmatrix} {}^1f_1 \\ {}^2f_1 \end{smallmatrix} \right) \left(\begin{smallmatrix} {}^1f_2 \\ {}^2f_2 \end{smallmatrix} \right) \right)$ となるが、これも f に等しいんだな。

西郷＜というわけで括弧の区切り方に依らない表記をしても問題ないわけだ。そこで f のことは

$$f = \left(\begin{smallmatrix} {}^1f_1 & {}^1f_2 \\ {}^2f_1 & {}^2f_2 \end{smallmatrix} \right)$$

と書くことにしよう。これを f の **行列表示**（**matrix representation**）と呼び、構成要素 ${}^kf_j$ のことを k 行 j 列成分と呼ぶ [*10]。

能美＜行列が出てきていかにも線型代数らしい雰囲気が漂ってきたが、行列の和や積はどうするんだ？

西郷＜積については和があれば射の合成と整合的に定めることができる。問題の和は、次のように定義する。

定義 5.4

射 $A \underset{g}{\overset{f}{\rightrightarrows}} B$ について、和 $f+g$ を

$$f + g := \nabla_B \circ (f \oplus g) \circ \Delta_A$$

で定める。

$f \oplus g$ というのは射の**直和**で、量圏においては射の積と余積とが一致するからこの記号を用いている。Δ_A, ∇_B はそれぞれ**対角射**（**diagonal morphism**）、**余対角射**（**codiagonal**

[*10]　数学での通常の記法では f_{kj} だろうが、本書の記法は計算における「自然性」の点で合理的と思われる（テンソル解析やディラックのブラケット記法にも近い）。

morphism）と呼ばれているもので

$$\Delta_A = \begin{pmatrix} 1_A \\ 1_A \end{pmatrix} , \ \nabla_B = (1_B \ 1_B)$$

だ。こうすると射の合成について、

$$A_1 \oplus A_2 \xrightarrow{\ f\ } B_1 \oplus B_2 \xrightarrow{\ g\ } C_1 \oplus C_2 \ \text{の}\ k\ \text{行}\ j\ \text{列成分が}$$

$$^k(g \circ f)_j = {}^k g_1 \circ {}^1 f_j + {}^k g_2 \circ {}^2 f_j$$

と計算できる。これが行列の積の計算法則だ。

能美＜和、積とくればあとは分配法則だな。

西郷＜量圏では分配法則も問題なく成り立つ。まず射は

$$A \underset{g}{\overset{f}{\rightrightarrows}} B \xrightarrow{\ h\ } C \ \text{に対して}$$

$$h \circ (f + g) = h \circ f + h \circ g$$

という形の「線型性」をみたす。また、対象 A から A 自身への射全体は和を二項演算、零射 $0_{A,A}$ を単位元とする量系の構造を持ち、合成を二項演算、恒等射 1_A を単位元とするモノイドの構造を持ち、数系となる。上の式が「分配法則」だ。通常、さらにいくつかの公理をみたす加法圏やアーベル圏といったものがよく用いられ、線型代数やホモロジー代数の基盤を成している。

> ・終対象かつ始対象であるものを零対象と呼ぶ。本書では 0 のよう
>   に表す。
> ・余積から積へと自然に定まる射が同型となるとき直和と呼ぶ。
>   このとき $A + B$ と $A \times B$ が同型となるが、これを本書では $A \oplus B$ と表す。
> ・零対象と直和をもつ圏を本書では量圏と呼ぶ。
>   量系の圏は量圏である。

● 上記の「余積から積へと自然に定まる射」は「零射」（これも記号 0 や
　それに添え字を付けたもので表される）を用いて構成される。

● 零射はより一般的な概念であるが、上の場合には「零対象」を経由す
　る射と定義してよい。

> 量圏においては、直和から直和への射を「行列表示」することがで
> きる。
> また、域および余域が共通の射 a, b どうしの「加法」$a + b$ を定義す
> ることができ、その共通の余域からの任意の射 f について
> $f \circ (a + b) = f \circ a + f \circ b$ が成立する。
> そして、射の合成を行列表示を用いて計算できる（いわゆる「行列
> の積の計算」により）。

● 一言でいえば、量圏はいわゆる「線型代数」的な諸理論の基盤を成す。

● 通常、さらにいくつかの公理を満たす圏（「加法圏」、「アーベル圏」…）
　がよく用いられ、線型代数や「ホモロジー代数」の基盤を成す。

⑤ 極限と余極限の例

西郷＜積は「極限」と呼ばれているものの一例だという話をしたが、圏論では他にも重要な例があるからそれらを紹介しよう。

能美＜「同様の形をした図式」たちの圏における終対象を極限と呼ぶとかなんとか言っていたな。

西郷＜あとで定義する「一般射圏（コンマ）」を使えば図式たちの圏をうまく扱えるが、一気に一般的な話に行く前にここでは一つ一つ図式を描いて定義を確認していこう。まずは「イコライザ」だが、ここでは「解」と書いて「イコライザ」と読ませることにしよう。

能美＜何をわけのわからないことを言っているんだね？

西郷＜「イコライザ」は「方程式の解全体」という概念を圏論で使えるように定式化したものだから、その雰囲気を出すためにそうするんだ。

定義 5.5

射 $A \underset{g}{\overset{f}{\rightrightarrows}} B$ の **解**（イコライザ）（equalizer）とは、対象 E と射 $E \xrightarrow{e} A$ との組 $\langle E, e \rangle$ で

1. $f \circ e = g \circ e$ であり、

2. 他に組 $\langle X, x \rangle$ で $f \circ x = g \circ x$ なるものが存在したとき、射 $X \xrightarrow{u} E$ で

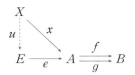

を可換にするものが一意に存在する
ものをいう。

能美＜君のネーミング・センスはさておき、$f \circ x = g \circ x$ というのは確かに方程式の解を表現しているように見える。そういうものたちの中で特別なもの、つまり普遍性を持つものということだな。

西郷＜この双対概念である **余解**(コイコライザ)（coequalizer）は、いつものように矢印を逆転させて定義できる。こちらは同値関係の形成に関わる概念だ。さて次に「引き戻し」を定義しよう。これは集合論における逆像の概念を一般化したものだ。

定義 5.6

射 $A \xrightarrow{t} C \xleftarrow{g} B$ の **引き戻し**（pull back）とは、対象 P、射 $A \xleftarrow{p_A} P \xrightarrow{p_B} B$ の三つ組 $\langle P, p_A, p_B \rangle$ で

1. $f \circ p_A = g \circ p_B$ であり、
2. 他に三つ組 $\langle X, x_A, x_B \rangle$ で $f \circ x_A = g \circ x_B$ なるものが存在したとき、射 $X \xrightarrow{u} P$ で

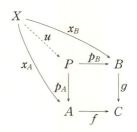

を可換にするものが一意に存在する

ものをいう。このとき P を $A \times_C B$ と書く。

話が集合圏 Set におけるもので、$B \xrightarrow{g} C$ が包含写像のとき、つまり B が C の部分集合であるとき、P は B の f による逆像となる。引き戻しの双対は**押し出し（push out）**と呼ばれる。「極限」の例として今までに終対象、積、解（イコライザ）、引き戻しを定義してきたが、これらは互いに深い関わりを持っている。まず表記からもわかる通り、引き戻しは積と関係していて、圏が終対象 1 を持つ場合には積 $A \times B$ は引き戻し $A \times_1 B$ に同型となる。

能美＜定義での対象 C として終対象をとった場合の引き戻しか。終対象への射は必ず存在して、しかも一意だから条件 1 が当たり前にみたされる。f, g は終対象への射となるから、条件 2 の可換図式でも省いてしまえば定義全体は積 $A \times B$ に対してのものとなるな。

西郷＜次はさらに重要な性質の一部だが、引き戻しは積と解（イコライザ）とを組み合せれば作れるんだ。まず A, B の積

$A \xleftarrow{\ p_A\ } A \times B \xrightarrow{\ p_B\ } B$ を考えて、これを f, g と合成して $A \times B \underset{g \circ p_B}{\overset{f \circ p_A}{\rightrightarrows}} C$ を得る。この 解（イコライザ）$E \xrightarrow{\ e\ } A \times B$ を考えると $\langle E, p_A \circ e, p_B \circ e \rangle$ が $A \xrightarrow{\ f\ } C \xleftarrow{\ g\ } B$ の引き戻しになる。

能美 < 三つ組 $\langle X, x_A, x_B \rangle$ で $f \circ x_A = g \circ x_B$ であるものを考えると、そもそも x_A, x_B は X から A, B への射だから $A \times B$ の普遍性により $X \xrightarrow{\binom{x_A}{x_B}} A \times B$ が存在する。これを用いると $f \circ x_A = g \circ x_B$ は $f \circ p_A \circ \binom{x_A}{x_B} = g \circ p_B \circ \binom{x_A}{x_B}$ と書き直せるから 解（イコライザ）の普遍性によって射 $X \xrightarrow{\ u\ } E$ で $e \circ u = \binom{x_A}{x_B}$ を満たすものが存在する。これに左から p_A, p_B を合成すれば求める可換性が出る。

西郷 < 実はこの「積を考えて 解（イコライザ）をとる」という手法は一般の **有限極限**（**finite limit**）、つまりベースとなる図式に有限個の対象、射しか現れていない場合の極限に対しても使えて、もし圏が終対象、任意の対象の組に対する積、任意の射の組に対する 解（イコライザ）を持つのなら、任意の有限極限をも持つことが示せる。さて次はいよいよ極限を定義するための準備に取り掛かろう。

「ある種の図式のなす圏」の終対象となるものを極限、始対象となるものを余極限という。「ある種の図式」が有限の対象と射からなっている場合、有限極限（有限余極限）という（詳細は後述）。

有限極限の例	有限余極限の例
終対象	始対象
積	余積
解（イコライザ）	余解（コイコライザ）
引き戻し	押し出し
…	…

●解（イコライザ）は、「方程式の解全体」の概念を一般の圏に通用するかたちに定式化したもの。余解（コイコライザ）は双対的に定義され、同値関係の形成にかかわる。

●引き戻しは積の概念をさらに一般化したもの。「逆像」の概念を一般の圏において定めるのにも役立つ。押し出しはその双対。

●終対象と引き戻し、積と解などがあれば、一般の有限極限も構成できる。双対的に考えると、有限余極限についても同様にいえる。

極限や余極限の概念を正確に定義するためには、後述する「一般射圏（コンマ圏）」の概念を利用すると簡潔なので、本書ではその方法を採用。

⑥ 射圏、そして一般射圏（コンマ）

西郷＜さあまずは「極限」をうまく定義するために必要となる
　　　「一般射圏（コンマ）」を定義するための「射圏」を定義しよう。

能美＜は？なんだって？

西郷＜なんだ、聞き逃したのか？油断しているとこの圏論的ビッ
　　　グウェーブに乗り遅れるぞ。まず「射圏」（morphism
　　　category）を定義し、次にこれを一般化した「一般射圏（コンマ）」
　　　を定義しようというんだ。一般射圏（コンマ）はかなり便利な概念で、
　　　積や余積を始めとする極限、余極限が定義できるだけでな
　　　く、もっと一般の普遍性そのものを取り扱える圏なんだ。
　　　まずは射圏だが、これは圏の射を対象とみなして作られる
　　　圏だ。

能美＜ベースとなる圏 $\mathcal{C}$ があって、ここから射だけを取り出し
　　　て対象とするのか。では射はどうなるんだ？

西郷＜結論からいうと、二つの射を結ぶ可換図式が射の役割を果
　　　たすのだが、これだけ言われてもわからないだろうから、
　　　まずは

　　　　圏の対象は、対象を一つだけ持ち、射としてその対象の
　　　　恒等射のみを持つ圏 **1** からの関手である。射は、対象を
　　　　二つ持ち、射として恒等射の他に一方から他方への射を
　　　　一つだけ持つ圏 **2** からの関手である。

177

第5章　普遍性

という見方に慣れてくれ。

能美＜対象や射の名前、恒等射を省いて描けば

$$1 = \boxed{\cdot} \; , \; 2 = \boxed{\cdot \longleftarrow \cdot}$$

ということか[*11]。圏 2 は有向グラフの理念の圏だな。

西郷＜こう見れば、「射を対象とする圏」とは「圏 2 から $\mathcal{C}$ への関手を対象とする圏」、すなわち関手圏 $\mathrm{Fun}(2, \mathcal{C})$ のことだと捉えられる。というわけで射圏における射は自然変換なわけだが、今の場合もっと具体的に踏み込んでいける。圏 2 の対象に名前を付けて $\boxed{1 \longleftarrow 0}$ としよう。さらに圏 2 から $\mathcal{C}$ への関手 F, G に対して F によるうつり先を $Y \xleftarrow{\;f\;} X$、G によるうつり先を $Y' \xrightarrow{\;f'\;} X'$ とすると、自然変換 $F \overset{t}{\Longrightarrow} G$ は

$$
\begin{array}{ccc}
Y & \xleftarrow{\;f\;} & X \\
{\scriptstyle t_1}\downarrow & & \downarrow{\scriptstyle t_0} \\
Y' & \xleftarrow{\;f'\;} & X'
\end{array}
$$

を可換にしなければならない。通常はこの条件はすべての射について課されるものだけれど、圏 2 の x 以外の射は恒等射のみだから、この一つの図式だけで事は足りている。

能美＜これが「二つの射を結ぶ可換図式が射の役割を果たす」ということの意味か。

[*11] 個々の対象の名前に興味がないため対象を・で表している。
圏 2 の方では対象を同じ・で表しているが、同じ対象だというわけではない。

西郷 < より詳しくは、単に「可換図式」というよりは「図式を可換にするような射の組 $\langle t_0, t_1 \rangle$」というべきかもしれない。そしてこの射圏の概念を一般化したものが一般射圏（コンマ）だ。一般射圏（コンマ）でも対象は $\mathcal{C}$ の射で、射は可換図式なのだが、他の圏からの作用を取り込めるように「一般化」されている。

定義 5.7

$\mathcal{A}$, $\mathcal{B}$, $\mathcal{C}$ は圏とし、関手 $\mathcal{A} \xrightarrow{F} \mathcal{C} \xleftarrow{G} \mathcal{B}$ を考える。$\mathcal{A}$ の対象 X、$\mathcal{B}$ の対象 Y に対して、$\mathcal{C}$ の射 $F(X) \xrightarrow{f} G(Y)$ を、圏 $\mathcal{A}$, $\mathcal{B}$ からの作用を含めて三つ組 $\langle X, Y, f \rangle$ で表す。これらを対象とし、$\langle X, Y, f \rangle$ から $\langle X', Y', f' \rangle$ への射としては、$\mathcal{A}$ の射 $X \xrightarrow{a} X'$ と $\mathcal{B}$ の射 $Y \xrightarrow{\beta} Y'$ との組 $\langle a , \beta \rangle$ で

$$
\begin{array}{ccccc}
Y & & G(Y) \xleftarrow{\ f\ } F(X) & & X \\
\beta \downarrow G & & G(\beta) \downarrow \qquad\quad \downarrow F(a) & & \downarrow a \\
Y' & & G(Y') \xleftarrow[f']{} F(X') & & X'
\end{array}
$$

を可換にするようなものを考える。こうしてできた圏を**一般射圏（コンマ）**（comma category）と呼び、本書では $(F \to G)$ で表す[12]。

---

[12] いろいろな記号があるが、どれもイマイチのような感じがする。かつては関手の間にコンマを置いて書いていて、これがコンマ圏という（まったく概念的ではない）ネーミングの由来である。

能美＜なるほど、一般化されただけあってわけがわからんな。ははは。

西郷＜気を確かに持って冷静に見てくれ。$\mathcal{A}$ や $\mathcal{B}$ からの関手のはたらきが入っただけで、真ん中に描いた図式は射圏で描いたものと同じく $\mathcal{C}$ の可換図式でしかない。

能美＜ややこしいが確かにそうだな。

西郷＜射圏との関連についていえば、$\mathcal{A}, \mathcal{B}$ として $\mathcal{C}$ をとり、F, G として $\mathrm{id}_{\mathcal{C}}$ を考えれば図式は射圏の定義のものと完全に等しくなる。つまり $\mathcal{C}$ の射圏とは $(\mathrm{id}_{\mathcal{C}} \to \mathrm{id}_{\mathcal{C}})$ という特別な一般射圏（コンマ）なんだ。さあ次はいよいよ一般射圏（コンマ）を用いて極限を定義しよう。

> 射圏とは、射を対象とし、「二つの射を結ぶ可換図式」を射とする圏をいう。

● 上でいう「二つの射を結ぶ可換図式」の概念を明確にするには、次のポイントに着目する。

> 圏 $\mathcal{C}$ の対象は、「対象を一つだけ持ち、射としてその対象の恒等射のみを持つ圏」$1=\boxed{\cdot}$ から圏 $\mathcal{C}$ への関手である。圏 $\mathcal{C}$ の射は、「対象を二つ持ち、射として恒等射の他に一方から他方への射を一つだけ持つ圏」$2=\boxed{\cdot \longleftarrow \cdot}$ から圏 $\mathcal{C}$ の関手である。

> $\mathcal{C}$ の射圏とは、関手圏 $\mathrm{Fun}(2,\mathcal{C})$ のことである。

$$\begin{array}{ccc} Y & \xleftarrow{\;f\;} & X \\ \scriptstyle{t_1}\downarrow & & \downarrow\scriptstyle{t_0} \\ Y' & \xleftarrow{\;f'\;} & X \end{array}$$

f, f'：対象
左図のような可換図式：射圏の射

> $\mathcal{A}, \mathcal{B}, \mathcal{C}$ を圏とし、F を $\mathcal{A}$ から $\mathcal{C}$ への関手、G を $\mathcal{B}$ から $\mathcal{C}$ への関手とする。このとき、一般射圏（$F \to G$）が関手 F, G に対して定義される。

$$\begin{array}{ccc} Y & & G(Y) \xleftarrow{\;f\;} F(X) & & X \\ \scriptstyle{\beta}\downarrow & \!\!\!\!{\scriptstyle G}\rightsquigarrow & G(\beta)\downarrow \qquad \downarrow F(a) & {\scriptstyle F}\!\!\leftsquigarrow & \downarrow\scriptstyle{a} \\ Y' & & G(Y') \xleftarrow{\;f'\;} F(X') & & X' \end{array}$$

$<X, Y, f>, <X', Y', f'>$：
対象
図式を可換にする$<a, \beta>$：
射

● 通常、一般射圏は "コンマ圏" と呼ばれる。

⑦ 極限、余極限の定義

西郷< 一般射圏を定義できたから、あと少し準備するだけで圏における極限、余極限を定義できる。「あと少し」というのは図式の取り扱い方、そして「対角関手」という特別な関手だ。

能美< 図式というと今まで散々描いてきたあの図式のことか？

西郷< そうだ。図式を改めて見直すと、これは射がいろいろと繋がれているものだ。射は圏 **2** からの関手だと捉えられたから、一般の図式に対しても適当な圏を想定することで、図式をその適当な圏からの関手だと捉えることができる。

能美< たとえば圏 C の図式

に対して

という圏を考えて、この圏からの関手だとみなすということか？まあそんなことを考えるのは君の勝手だが、これがどうしたんだ。

西郷< こうすることで、たとえ異なった圏の間であっても図式の

形が同じかどうかを議論できる。君が今描いた図式は、圏 $\mathcal{C}$ が **Set** であれ **Qua** であれ同じ形の図式ではある。「同じ形の図式」とは「同じ圏からの関手」ということだ。それにこうして関手として捉えることで、図式を関手圏の対象として扱うことができる。

定義 5.8

圏 $\mathcal{J}$ から圏 $\mathcal{C}$ への関手のことを $\mathcal{J}$ 型の図式（$\mathcal{J}$–type diagram）と呼ぶ。

能美＜圏 $\mathcal{J}$ を取り換えることでさまざまな図式を $\mathcal{C}$ で描くことができて、しかもそれぞれを $\mathrm{Fun}(\mathcal{J}, \mathcal{C})$ の対象として扱えるようになったわけだな。あとは「対角関手」か。

西郷＜こちらはそれほど大変ではない。まず圏 $\mathcal{C}$ の任意の対象に対して、$\mathcal{J}$ の任意の射を X の恒等射 1_X に押しつぶしてしまう関手が考えられることに注意してくれ。

能美＜常に同じ値を返す定数関数みたいなものか。

西郷＜定数関数の関手版ということで、こういった関手を X への**定関手**（constant functor）と呼ぶ。**対角関手**（diagonal functor）Δ とは、$\mathcal{C}$ の対象 X に対して X への定関手を対応させるもののことだ。

能美＜定関手は $\mathrm{Fun}(\mathcal{J}, \mathcal{C})$ の対象だから Δ は $\mathcal{C}$ から $\mathrm{Fun}(\mathcal{J}, \mathcal{C})$ への関手だな。$\mathcal{C}$ の射 $X \xrightarrow{\ f\ } Y$ は定関手 $\Delta(X)$ から定関手 $\Delta(Y)$ への自然変換 $\Delta(f)$ にうつる。$\mathcal{J}$ の任意の射 $B \xleftarrow{\ a\ } A$ について、これは定関手で恒等射にうつるか

ら自然性の条件は

$$
\begin{array}{ccc}
Y & \xleftarrow{\ 1_Y\ } & Y \\
{\scriptstyle \Delta(f)_B}\downarrow & & \downarrow{\scriptstyle \Delta(f)_A} \\
X & \xleftarrow{\ 1_X\ } & X
\end{array}
$$

で、$\Delta(f)_A = \Delta(f)_B$ か。

西郷＜成分がすべて等しい自然変換でなければならないということだな。X から Y への射としてはもともと f があるのだから、$\Delta(f)$ とはすべての成分が f であるようなものとしておけば問題ない。さてこれで準備は整った。$\mathcal{J}$ 型の図式 D を考える。これは $\mathrm{Fun}(\mathcal{J}, \mathcal{D})$ の対象だから、圏 $\mathbf{1}$ から $\mathrm{Fun}(\mathcal{J}, \mathcal{D})$ への関手と同一視すれば、一般射圏 $(\Delta \to D)$ を考えることができる。$(\Delta \to D)$ の終対象を**極限（limit）**と呼ぶ。また、双対的に $(D \to \Delta)$ の始対象を**余極限（colimit）**と呼ぶ。圏 $\mathcal{J}$ が有限個の対象、射から構成されているとき、特に**有限極限（finite limit）**、**有限余極限（finite colimit）**と呼ぶ。

能美＜ふうん、全然わからんな。

西郷＜具体例を考えれば今まで極限の例として挙げてきたものが得られる。たとえば $\mathcal{J}$ として対象を二つ持ち、射として恒等射のみを持つ圏 $\boxed{O \qquad O'}$ を考える。要は圏 $\mathbf{2}$ から異なる対象間の射を取り除いたものだ。まずこのとき一般射圏 $(\Delta \to D)$ の対象がなんであるかを考えよう。

能美＜$\mathcal{C} \xrightarrow{\ \Delta\ } \mathrm{Fun}(\mathcal{J}, \mathcal{D}) \xleftarrow{\ \mathcal{D}\ } \mathbf{1}$ について考えているから、

圏 1 の唯一の対象を・で表せば、$\mathcal{C}$ の対象 X と自然変換 t とを用いて $\langle X, \cdot, t \rangle$ と書ける三つ組だな。これは実質的には $\Delta(X) \overset{t}{\Longrightarrow} D$ という自然変換だ。

西郷＜今まで何度も見てきたが、基となる圏が単純だと自然変換も簡単なもので言い換えられる。$\mathcal{J}$ は対象を二つしか持たないから、t の自然性を表す可換図式は

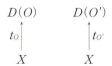

だけで言い尽くされている。

能美＜$\mathcal{J}$ は異なる対象間に射を持たないから、$D(O), D(O')$ 間にも射がなくて良いんだな。

西郷＜これを「可換図式だ」というのも奇妙に思えるかもしれないが、まあ勝手に可換になっているとでも捉えてくれ。結局のところ $(\Delta \to D)$ の対象は $\mathcal{C}$ の対象 X に定まる二つの射だということだ。雰囲気を出すために $D(O), D(O')$ を A, B と書いて、$t_O, t_{O'}$ を x_A, x_B と書くことにすれば $A \xleftarrow{x_A} X \xrightarrow{x_B} B$ だ。さらに、$X \xrightarrow{f} Y$ は Δ によってすべての成分が f であるような自然変換にうつるから、一般射圏 (コンマ) $(\Delta \to D)$ の射

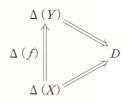

の正体は、$\mathcal{C}$ の可換図式

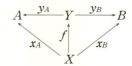

ということになる。ここまで描けばもうわかるだろうが、この場合の一般射圏(コンマ)$(\Delta \to D)$ の終対象は A, B の積 $A \times B$ だ。

能美＜なるほどな。解(イコライザ)も表現できるのか？

西郷＜もちろんだ。$\mathcal{J}$ として $\boxed{O \Longrightarrow O'}$ という圏を考えれば良い。

能美＜D によって $A \underset{g}{\overset{f}{\rightrightarrows}} B$ にうつるとすると、自然変換 $\Delta(X) \overset{t}{\Longrightarrow} D$ は

$$
\begin{array}{ccc}
A & \xrightarrow{f} & B \\
t_O \uparrow & & \uparrow t_{O'} \\
X & \xrightarrow{1_X} & X
\end{array}
\qquad
\begin{array}{ccc}
A & \xrightarrow{g} & B \\
t_O \uparrow & & \uparrow t_{O'} \\
X & \xrightarrow{1_X} & X
\end{array}
$$

を可換にするようなものだ。

西郷＜まとめれば

$$f \circ t_0 = t_{0'} = g \circ t_0$$

ということだ。$t_{0'}$ は t_0 から定まるから無視して、t_0 を x と書けば、定義 5.5 通りの形である「$f \circ x = g \circ x$ なる $X \xrightarrow{\;x\;} A$」が出てくる。あとは射がどのようなものかを先程と同じようにして確認すれば 解(イコライザ) が一般射圏(コンマ) $(\Delta \to D)$ の終対象として得られる。

能美＜あとは引き戻しか。

西郷＜引き戻しを定める圏 $\mathcal{J}$ は $\boxed{\cdot \longrightarrow \cdot \longleftarrow \cdot}$ だ。そして今まで出てきたそれぞれの $\mathcal{J}$ に対して一般射圏(コンマ) $(D \to \Delta)$ の始対象を考えれば余積、余 解(コイコライザ)、押し出しが得られるというわけだ[13]。これらを実際に確かめることは良い鍛錬となるだろう。さて、一般射圏(コンマ)を用いると、プログラムの本質ともいうべき冪の概念や「随伴」という圏論のトレードマークのような概念についても透明な理解が得られる。ここからはそのあたりの話をしていこう。

---

[13] $\mathcal{J}$ として要素を持たない圏（空圏と呼ばれる）を考えると、$(\Delta \to D)$ の終対象として $\mathcal{C}$ の終対象が、$(D \to \Delta)$ の始対象として $\mathcal{C}$ の始対象がそれぞれ得られる。

圏 $\mathcal{C}$ における図式は、「図式の型」の圏から $\mathcal{C}$ への関手と思える。一般に、圏 $\mathcal{J}$ から $\mathcal{C}$ への関手を "$\mathcal{J}$ 型の図式" とも呼ぶ。$\mathcal{C}$ の各対象 X に対し「$\mathcal{J}$ のすべてを X にうつす関手 $\Delta(X)$」にうつすような関手 Δ が定まり、これを対角関手という。

● 上の対角関手 Δ は $\mathcal{C}$ から $\mathrm{Fun}(\mathcal{J},\mathcal{C})$ への関手。

型 $\mathcal{J}$ の図式は関手圏 $\mathrm{Fun}(\mathcal{J},\mathcal{C})$ の対象であるから、圏 1 から $\mathrm{Fun}(\mathcal{J},\mathcal{C})$ への関手とも思える。

● 上記の事柄を用いれば、極限や余極限を一般射圏における終対象や始対象として定義できる！

$\mathcal{J}$ 型の図式 D の極限とは、一般射圏 $(D \to \Delta)$ の終対象である。余極限とは、一般射圏 $(\Delta \to D)$ の始対象である。$\mathcal{J}$ が有限個の対象と射からなるとき、有限極限や有限余極限と呼ぶ。

● 上において、型 J の図式は圏 1 から $\mathrm{Fun}(\mathcal{J},\mathcal{C})$ への関手として考えられている。

● すでに導入した終対象、積、解、引き戻し等は有限極限の例。

● 双対的に、始対象、余積、余解、押し出し等は有限余極限の例。

一般射圏により、幂や随伴など「Hom に関連した諸概念」が圏論的にきれいに書ける。

第6章

冪：プログラムの本質

① 冪

西郷＜いよいよプログラムの本質、さらには現代的な「関数」の捉え方の核心ともいえる冪の話をしよう。

能美＜僕はプログラムについては多少のことを知っているが、ここで「関数」というのはどういう意味で言っているんだ？

西郷＜ここでは、「関数」を集合圏の射である「写像」と同義語と思ってもらってよい。かつては「数を数に対応させる」ものを典型として考えていたかも知れないが、現在ではより一般の写像を関数と呼ぶことも多い。もっといえば、各入力に対してただひとつ出力が定まるとは限らないケース、すなわち狭い意味での写像よりも一般的なものを含めて関数ということも多い。関数 (function) というのは機能と訳すこともでき、「働き」のイメージが大きいので、より好まれるのかも知れない。微積分黎明期以来の伝統ある用語だし。今後はニュアンス次第で使っていくことにしよう。

能美＜とりあえず関数とは写像の「ほぼ同義語」と考えておこう。で、その現代的な関数の捉え方の核心というのは何のことだ。

西郷＜それは直感的にいえば、「『はたらき』を『もの』と思ったり、逆に『もの』を『はたらき』と思ったりする」ことだ。

能美＜何を言っているのか意味がわからないな。

西郷＜先ほども述べた通り、関数というのはまず「働き」として理解されるだろう。ある入力に対し、それぞれ出力を対応させるという動的なイメージだ。

能美＜圏論はそうした素朴で動的なイメージを射の概念によって定式化し、理論の基盤に据えたともいえるな。

西郷＜その通りだ。ところで、それと相反するようではあるが、数学の現代的なスタイルにおいてはそうした動的な「働き」をあえて静的な「もの」として考え直すことが重要になることもある。個々の具体的な関数を考えるだけなら「働き」とのみ考えていてもよいだろうが、「ある条件をみたすあらゆる関数」を考えるときには、関数はむしろ「もの」、もっといえば「点」のイメージとなる。その全体はしばしば「関数空間」などと呼ばれる。まあ、関数空間というと「近さ」の概念を定めていることが多いから、よりドライには「写像全体の集合」などと言うがね。

能美＜では、「もの」としての関数を再び「働き」と思う、というのはどういうことだ？

西郷＜それは、「もの」としての関数 f と、入力 x とを「組」にして、そこから出力 $f(x)$ を対応させる写像を通じて可能になる。「関数空間」と「入力全体の集合」との積から「出力全体への集合」への写像を考えるわけだ。この写像を通じて、「もの」としての関数は再び「働き」として動き出すんだ。

能美＜なるほど。プログラムというのは確かにある意味では「も

の」だけれど、それを「適用する」ことによって「働き」
となるな。必要なとき以外は静かに黙って「もの」でいて
ほしいし、必要に応じて「働き」に変身させたい。こうい
う「もの」と「働き」の行き来を普通は感覚レベルで捉え
ているが、それを数学的に定式化できるのか。

西郷＜まさにそれが圏論における冪の概念なのだ。A から B へ
の写像全体の集合を B^A と書いたりするが、圏論における
冪はこれを一般化した概念だ。より正確にいうと、この集
合と先ほど述べたような「ものから働きへ」を支える写像
との組を一般化したものだ。この写像というのが「関数空
間」と「入力全体の集合」との積を域とすることからもわ
かるように、冪と積には切っても切れない縁がある。この
「縁」についてより一般的に考えると非常に重要な概念に
到達できるんだが、これは後に回そう[*1]。それではいよい
よ冪の定義だが、普遍性を一般射圏（コンマ）によって取り扱える今
となっては端的に述べることができる。

定義 6.1

圏 $\mathcal{C}$ の対象 A, B について、一般射圏（コンマ）$(A \times (\ ) \to B)$ の終対
象を A から B への**冪**（exponential）と呼ぶ。

能美＜極限を定義したときのように、対象 B を圏 **1** から $\mathcal{C}$ への
関手と同一視しているんだな。$(A \times (\ ) \to B)$ の対象は、$\mathcal{C}$

[*1] 第 7 章参照。

の対象 X を用いて $A \times X \to B$ と書ける射だ。

西郷＜だから終対象は射 $A \times P \xrightarrow{p} B$ で、他に射 $A \times X \xrightarrow{x} B$ があれば、射 $X \xrightarrow{\tilde{x}} P$ で

$$
\begin{array}{ccc}
A \times X & & \\
{\scriptstyle 1_A \times \tilde{x}} \downarrow & \searrow^{x} & \\
A \times P & \xrightarrow{p} & B
\end{array}
\tag{6.1}
$$

を可換にするものが一意に存在するようなものだ。このとき対象 P のことも冪と呼び、B^A と書く。また射 p の方は **評価射**（evaluation morphism）と呼び、eval と書く。

能美＜まとめると $(A \times (\ ) \to B)$ の終対象を $A \times B^A \xrightarrow{\text{eval}} B$ と書くということだな。で、これがなんなんだ？

西郷＜ここでもやはり集合論を例として、A, B は入力および出力の集合、B^A は A から B への写像全体の集合と捉えればわかりやすいだろう。積というのは組を作る操作だから、評価射は入力 a と写像 f との組 $\binom{a}{f}$ から出力 $f(a)$ を得るという働きをする。

能美＜つまり写像 f に入力 a を与えて出力 $f(a)$ を得るという流れを表しているわけか。

西郷＜計算モデルでいえば関数適用を表現している。こう見ると最初に言ったように、冪というのは評価射と組であり、関数やプログラムの本質を見事に定式化したものと言えるだろうな。さらにもう一つ、計算機科学的に重要な見方があって、冪を用いれば多くの入力をもつ関数を、ただ一つの入

力をもつ関数の連鎖として表すことができるんだ。たとえば「二つの入力をもつ関数」$X \times Y \xrightarrow{f} Z$ を考えると、冪の普遍性から $X \xrightarrow{\tilde{f}} Z^Y$ で (6.1) を可換にするもの、つまり

$$\text{eval} \circ (1_X \times \tilde{f}) = f \tag{6.2}$$

をみたすものが一意に存在するわけだが、この $\tilde{f}$ は Y の値をとって X から Z への関数を返す関数とみなせる。

能美＜ X, Y の二つの入力をもつ「二変数関数」f に対して、二つを一度に入力するのではなく、一つずつ入力しているようなものか。となると (6.2) はこのような入力方法をとっても結果が変わらないことを保証しているわけだ。

西郷＜このように多くの入力をもつ「多変数関数」をただ一つの入力をもつ「一変数関数」の連鎖に変換することを**カリー化（currying）**と呼ぶ。また、カリー化された射を (6.2) によって元の射に戻すことを**アンカリー化（uncurrying）**と呼ぶ。

能美＜カリー化というのが「働き」から「もの」へ、アンカリー化というのが「もの」から「働き」への流れを支えているという感じだな。

西郷＜カリー化によって、多変数関数の入力、あるいは「引数」と呼ぶ方がなじみがあるかもしれないが、これらのうちいくつかを固定して新たな関数を作る**部分適用（partial application）**が容易に行えるようになる。次はこうした

194

関数やプログラムの本質をうまく捉えるために役立つ構造一揃いを備えた圏を考えることにしよう。

> プログラムの本質や現代的な「関数」の捉え方の核心をなすのが「冪」の概念である。

- ここで「関数」とは「写像」のほぼ同義語。
- 「はたらき」を「もの」と思ったり、「もの」を「はたらき」と思ったりするのが「現代的」。
- 「はたらき」を「もの」と思う：関数空間
  「A から B への写像の全体」（関数空間）を B^A のようにしばしば「冪」の記法で書く。
- 「もの」を「はたらき」と思う：関数適用
  「入力 a と関数 f の組から出力 $f(a)$ への写像」
  これは要するに $A \times B^A \to B$ という写像。
- これらの概念を圏論的に整理すると、「冪」の定義が得られる。

> 圏 $\mathcal{C}$ の対象 A、B に対し、一般射圏 $(A \times (\ ) \to B)$ の終対象を A から B への冪と呼ぶ。その終対象における射を評価射と呼び、eval と書く。

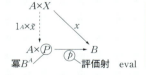

任意の対象 X と $A \times X$ から B への任意の射 x に対して、X から P への射 $\bar{x}$ が存在して、左図を可換にするような P が冪、p が評価射。

> 上図でいう x を $\bar{x}$ に対応させるのを "カリー化"、逆の対応付けを "アンカリー化" という。

- カリー化：「はたらき」を「もの」へ
- アンカリー化：「もの」を「はたらき」へ

② CCC

西郷＜冪とは関数やプログラムの本質だという話をしたが、ここ
では関数やプログラムのはたらきを記述するために必要最
小限の構成要素を備えた圏を考えよう。

定義 6.2

圏が

- 終対象
- 任意の対象 X, Y に対しての積 $X \times Y$
- 任意の対象 X, Y に対しての冪 Y^X

を持つとき、**カルテジアン閉圏**（cartesian closed
category）、略して **CCC** と呼ぶ。

もちろん、積というときには射影、冪というときには評価
射も含めてのことだ。さて、CCC について説明するため、
まず終対象の役割について CCC の典型例である集合圏
Set で考えよう。以前終対象を導入したときに話したよう
に、**Set** では終対象は一点集合だったから、集合 A の任意
の要素 a は終対象から A への写像と同一視できる。圏の
対象を圏 1 からの関手だとみなしたのと同じ考え方だ。一
般の終対象を備えた圏においても **Set** の場合と同様に、任
意の対象 X について、終対象から X への射一つ一つを X
の「要素」だとみなして取り扱うことができる。

能美＜ 積、冪については冪を定義したときに出てきた通りだな。値と関数との組を積として表して、関数適用を冪の評価射で表す。

西郷＜ CCC のこの構造は、計算機方面の文脈でいえば「データのみでなく関数をも対象として扱える」ことを意味しており、関数型言語と呼ばれる種類のプログラミング言語に対しての理論的基盤を与えている。さらに CCC の条件を強めたり弱めたりしながらさまざまな計算モデルを表現できるということで、計算機科学においても CCC やその一般化などをよく用いるようだ。まあこのあたりは私の専門ではないから、詳しく知りたければ例えば『圏論の歩き方』にも執筆された長谷川真人先生、勝股審也先生、それから蓮尾一郎先生の記事を読んだりすればよいのではないか。

能美＜ ほう、「このあたりは私の専門ではない」とは実に便利な言葉だな。謙虚さを装いつつ、通暁している分野が何かしらあるらしいと相手に思わせることができるとは。存在しないかもしれないのに。

西郷＜ なぜこんなところでそんな無意味な洞察力を発揮してしまうんだ。TPO を考えろ。さて CCC で展開できる面白い話として、Lawvere による「カントールの対角線論法の一般化」というテーマを取り上げよう。まず定理の主張を述べるための用語を導入する。射 $A \xrightarrow{f} X$ が**点全射**であるとは、任意の $1 \xrightarrow{x} X$ に対して $1 \xrightarrow{a} A$ で $x = f \circ a$ なるものが存在するときにいう。

能美＜それは普通の全射とどう違うんだ。要素を終対象からの射
と見なすんだから、集合圏 Set のときの全射の定義と全く
同じように見えるが。

西郷＜君の言う通り、Set においては、同じことだ。一方、Set
のように要素の概念がなくても定義できるような「一般の
圏における全射」の概念もあることを第 8 章で触れるが、
この意味での「全射」とは一般には異なる。いまは Set だ
けでなく一般の CCC を考えるので、区別しておく。さて、
この「点全射」の概念をカリー化について拡張したものが
「広義の点全射」だ。射 $A \times B \xrightarrow{g} X$ について、そのカ
リー化 $B \xrightarrow{\tilde{g}} X^A$ が **広義の点全射**（weakly point-
surjective）であるとは、任意の $A \xrightarrow{h} X$ に対して
$1 \xrightarrow{b} B$ で、すべての $1 \xrightarrow{a} A$ に対して $g \circ \left(\begin{smallmatrix} a \\ b \end{smallmatrix} \right)$
$= h \circ a$ であるようなものが存在するときにいう。

能美＜カリー化 $\tilde{g}$ が点全射であれば、もちろん任意の h に対し
そのような b として「$\tilde{g}$ により $\tilde{h}$ にうつる要素」をどれで
も選べばよいから、「広義の点全射」は確かに「点全射」
の拡張になっているな[*2]。

西郷＜さて、ここまで述べた概念を用いると、Lawvere の不動
点定理[*3] は次のように述べられる。

[*2] なぜかわからない読者は (6.2) 式などを手掛かりにするとよいかも知れない。

[*3] William Lawvere, *Diagonal Arguments and Cartesian Closed Categories*,
Lecture Notes in Mathematics, 92(1969), 134−145

定理 6.3（Lawvere の不動点定理）

> 圏 $\mathcal{C}$ は CCC であるとする。射 $A \times A \xrightarrow{f} X$ で、その
> カリー化 $A \xrightarrow{\tilde{f}} X^A$ が広義の点全射であるようなもの
> が存在すれば、X から X 自身への任意の射 g について
> $1 \xrightarrow{X} x$ で $g \circ x = x$ となるものが存在する。
>
> このような射 $1 \xrightarrow{X} x$ を g の**不動点（fixed point）**と
> 呼ぶ。$\tilde{f}$ が広義の点全射だから、どんな射 $A \xrightarrow{h} X$ に
> 対しても射 $1 \xrightarrow{a} A$ で任意の射 $1 \xrightarrow{a} A$ に対して
> $f \circ \begin{pmatrix} a \\ a \end{pmatrix} = h \circ a$ となるものが存在する。

h として特に $A \xrightarrow{\Delta_A} A \times A \xrightarrow{f} X \xrightarrow{g} X$ をとれ
ば[*4]

$$f \circ \begin{pmatrix} a \\ a \end{pmatrix} = g \circ f \circ \begin{pmatrix} a \\ a \end{pmatrix}$$

となるから、$a = a$ とすれば $f \circ \begin{pmatrix} a \\ a \end{pmatrix}$ が g の不動点だ。
ここでカギになっているのが「対角射」Δ_A であることから、
これが「対角線論法」だということも納得できるだろう。

能美＜まあ、不動点があるという証明は簡潔だしよくわかったが、
　　　それがどうかしたのか。

西郷＜どうかしたどころではない。この定理からは色々華々しい
　　　ことが出てくるんだ。まずは集合圏 **Set** で考えてみよう。
　　　X としてちょうど 2 つの要素からなる集合 2 を考え、その
　　　2 つの要素を True および False とでも呼ぼう。あるいは

[*4]　Δ_A は 5.4 節で導入された対角射。CCC では積が存在するから定義できる。

YES と NO でも何でも構わないが。

$$2 = \{\text{True, False}\}$$
あるいは
$$2 = \{\text{YES, NO}\}$$
$$\vdots$$
etc.

さて、A の部分集合というものは、A から 2 への写像と同一視することができる。

能美＜A の部分集合と「その要素は部分集合に属するか？」という質問、つまり A から 2 への写像とは一対一対応するからな。

西郷＜その通りだ。つまり、「A の部分集合全体」というのは、要するに冪 2^A のことであるといえる。

能美＜なるほど。「冪集合」と呼ばれるとおりだな。

西郷＜さて、集合論の始祖カントールが示したのは、「冪集合はもとの集合よりも『真に大きい』」ということだ。すなわち、「A から 2^A へは単射はあるが全射は存在しない」ということだ。

能美＜単射があるということは、A が 2^A に「埋め込める」というようなことだよな。まあ、A の各要素を、「その要素のみからなる部分集合」に対応させればこれは明らかに単射だから OK だな。

西郷＜問題は「全射は存在しない」の方だ。しかし、これは上の定理から見事に理解できる。そういう全射があったとしよう。先ほど述べたように、**Set** では点全射と全射は同じこ

とだから、これは上の定理における $\tilde{f}$ にあたっている。言い換えればそのアンカリー化が f だ。すると、2 から自身への任意の写像 g が不動点を持つことになってしまう！

能美＜別に持ったってそれは写像の勝手だろう。

西郷＜いやいや、そういう話ではない。「任意の写像」が不動点を持つというのが重大なんだ。ここで「否定」、つまり True と False を入れ替える 2 から 2 への写像を考えるとして、これは不動点を持つか？

能美＜もちろん持つわけがない。2 つしか要素がなくて、それを入れ替えるんだから。あ、そうか。定理より任意の写像が不動点を持つはずなのに、「否定」は不動点を持たない。それが矛盾だ、というのだな。

西郷＜その通り。よって背理法により、「A から 2^A へは単射はあるが全射は存在しない」ということがわかるわけだ。ちなみに、「ラッセルのパラドクス」とか「ゲーデルの不完全性定理」なども上の不動点定理の帰結と考えることができて楽しくてたまらないのだが、興味があれば原論文にあたったり適当な web サイトを調べたりしながら自分で考えてみてほしい。

能美＜ところで、「命題もその否定命題もともに正しい」とか、「True と False のあいだにグレーゾーンがある」とかであればいくらでも抜け道がありそうな気もするが。

西郷＜実際その通りだ。それに計算機科学においても、上のような意味での「否定」が存在しないような CCC が大切な役

割を果たしたりするんだ。ある対象とその冪とが同型に
なったりする。

能美<そういう世界に開かれているというのも圏論の懐の深さな
んだな。

> ある圏がカルテジアン閉圏（cartesian closed category, 略して
> CCC) であるとは、その圏が、終対象・任意の二つの対象の積・任意
> の二つの対象の冪をもつことをいう。

●もちろん積や冪というからには、射影や評価射までこめて言っている。

●典型例は集合圏 Set である（が、ほかの例もいろいろある！）。

●終対象からの射としての「要素」の概念が定められる。

●積の概念は「組」の概念を与え、それに踏まえて冪が関数の「適用」
　を可能にする。

> Lawvere の不動点定理：圏 $\mathcal{C}$ が CCC であるとする。このとき、も
> し $A \times A$ から X への射 f で、そのカリー化が "広義の点全射" であ
> るものが存在すれば、X から X 自身への任意の射 g について、"不
> 動点" が存在する。

●広義の点全射とは、Set における全射の概念を CCC にうまく一般化し
　たもの（本文参照）。

●上の射 g の不動点とは、$g \circ x = x$ をみたす X の要素 x をいう。

●この定理を用いると、「カントールの対角線論法」や「ラッセルのパラ
　ドクス」「ゲーデルの不完全性定理」などを統一的に捉えられる。

第 **7** 章

圈論的集合論

① トポス（topos）

西郷＜圏論の基本的な概念についてだいぶ習熟してきたと思うの
で、ここで少し気分を変えて、「圏論の立場からの集合論」
について話そう。ちょうどこれまで見てきた諸概念の復習
にもうってつけだからな。要するに、集合圏 Set を、「こ
れこれの公理をみたす圏である」として「定義」してみよ
うということだ。

能美＜集合なんて単にものの集まりということではなかったの
か？それに集合圏 Set だって散々説明に使ってきたくせ
に、実は「定義」していなかったなどと今更言われても困
る。

西郷＜何を言っているんだ。数学的な営みというのは、それが根
本的であればあるほどまだ定義が整っていない状況から始
まるものだ。はじめは直観に従っていろいろやってみる。
すると面白いことが見えてくる一方、時には困った事態、
いわゆるパラドクスに陥る。そうしたパラドクスに陥らな
いようにしながら、それでいて面白いことの探求ができる
ようにしようと思うからこそ、これまでの直観を公理を通
じた「定義」という形で定式化する必要が出てくるんだ。
集合論の歴史など、まさにその典型だった。

能美＜最初は「ものの集まり」は何でも集合だ、という大らかな
立場で進んで面白いことを見つけているうち、いろいろパ

ラドクスが出てきたというんだな。前に冪の話をしたとき
に名前だけ出てきたラッセルのパラドクスとかいうやつも
それか。

西郷＜その通りだ。ラッセルのパラドクスは有名だし、検索すれ
ば山ほど解説が出てくるだろうからここでは繰り返さない
が、その「雰囲気」は、カントールの示した「どんな集合
についてもその冪集合の濃度は真に大きい」ということを
考えるだけですぐわかる。

能美＜なぜそれがパラドクスなんだ。

西郷＜まあ、考えてもみてくれ。もし、集合というのが単に「も
のの集まり」だというのなら、「あらゆる集合の集まり」
みたいなのも集合というべきだろう。それを U とでもお
こう。そのとき、2^U は U とどっちが濃度が大きいだろう。

能美＜それは 2^U の方なんだろう。それが定理だったのだから。

西郷＜だが君、U はありとあらゆる集合を全部含みこんでいる
んだからな。2^U の要素も全部含んでいるとすれば、こい
つは 2^U をも飲み込んでしまうぞ。

能美＜「自分より真に大きいものを含みこむ」となっては、これ
は確かにパラドクスだな。「濃度」の概念が破綻する。で
もまあ、U はそうした濃度の話が及ばないほど超絶的な
集合と思えばいいのでは？

西郷＜カントールもそう思ったんだろうな。とくにパラドクスと
は思っておらずむしろ喜んでいたという話を聞いたことが
ある[1]。現代の集合論においても、「集合の全体を考えるな」

というのではなく、それは「集まり」ではあっても集合ではない、「クラス」だ、という言い方をしたりする。集まりではあっても、集合論のすべての概念が適用可能なものではない、という感じだな。直感的には竹内外史のいう"growing universe"[2]みたいなイメージで捉えればいいんじゃないかという気もする。当然固定した濃度など持ちようがないから構わない、とね。まあこのあたりは私の専門ではないがね。

能美＜また「私の専門ではないがね」か。まあ良い。ただ、そうやってパラドクスを回避するにせよ、「ではどの種の『集まり』を集合と呼ぶのか？」、もっといえば「結局集合とは何か？」という問題は残る。

西郷＜まさにそこに答えようとして始まったのがいわゆる公理的集合論というやつだ。ツェルメローフレンケルの公理系とかベルナイスーゲーデルの公理系とかいったものから出発するのが普通なのだが、ここではせっかくだから、圏論の枠組みで展開してみよう。

能美＜要するに、集合圏とはこういう圏ですよ、というのを先に定義し、集合とはその対象である、とやるのだな。

西郷＜その通りだ。この圏論的な集合論を創始したのが、CCCにおける不動点定理でも名前が出てきた F.W.Lawvere だ。彼は集合論における役割を想像しやすい公理をいくつ

---

[1]　竹内外史『集合とはなにか』，講談社，1976
[2]　竹内外史『集合とはなにか』，講談社，1976

か提起したが、後にこれらは整理されたった四つの公理に落ち着いた。まずはこの公理群の中で中心的な存在である「トポス」の概念を定義しよう。

能美＜トポスというと、御茶ノ水にあるらしい「数理空間 $\tau\acute{o}\pi o\varsigma$」のことか？

西郷＜いや、そちらのトポスはこちらのトポスを基に名付けられたものだ。トポスについて語るときに重要な「単射」は次のように定義される。

定義 7.1

圏 $\mathcal{C}$ の射 $X \xrightarrow{\ f\ } Y$ が**単射**（**monomorphism**）であるとは、$Z \overset{g}{\underset{h}{\rightrightarrows}} X$ で $f \circ g = f \circ h$ なる任意の g, h に対して $g = h$ であるときにいう。

西郷＜「$f \circ g = f \circ h$ ならば $g = h$」という条件のかたちから、f は**左簡約可能**（**left cancellable**）とも言われる。

能美＜「単射」の概念は集合に対しても定義していたが[*3]、これの一般化なわけか。

西郷＜一般の圏では「要素」の概念を必ずしも定義できないからな。双対圏 $\mathcal{C}^{\mathrm{op}}$ における単射は $\mathcal{C}$ で**全射**（**epimorphism**）と呼ばれる。さて、「トポス」とは次のように定義される圏だ。

[*3] 2.8 節参照。

定義 7.2

圏 $\mathcal{C}$ が CCC であり、部分対象分類子を持つとき、これを**初等トポス**（elementary topos）あるいは単に**トポス**と呼ぶ。ここで**部分対象分類子**（subobject classifier）とは、$\mathcal{C}$ の射 $1 \xrightarrow{\ t\ } \Omega$ で、任意の単射 $A \xrightarrow{\ m\ } B$ に対して射 $B \xrightarrow{\ \chi_m\ } \Omega$ で

$$
\begin{array}{ccc}
A & \xrightarrow{\ !_A\ } & 1 \\
{\scriptstyle m}\downarrow & & \downarrow{\scriptstyle t} \\
B & \underset{\chi_m}{\dashrightarrow} & \Omega
\end{array}
\tag{7.1}
$$

が引き戻しの図式となるようなものが一意に存在するときにいう。このとき χ_m を m の**特性射**（characteristic morphism）と呼ぶ。

言い換えれば部分対象分類子 t とは、任意の単射を t の引き戻しとして表せて、しかもその表し方が一意なものということだ。これから集合論を定義しようとしているところではあるが、イメージを掴むためにはやはり集合の世界で考えるのが良いだろうな。集合間の単射というのは、一対一で対応する要素を同一視してしまえば部分集合の概念そのものを表しているともいえる。このとき特性射というのは、B の各要素に対してそれが A 由来のものかどうかを判定するものだといえる。

能美＜部分集合の要素かどうかを分類しているから「部分対象分類子」ということか。

西郷＜A 由来の要素なら t となるわけだから、t は**真（True）**とも呼ばれ、また True とも書かれる。そして Ω は**真理値対象（truth value object）**と呼ばれる。まあとにかく一言でいえば「単射と相性の良い圏」ということだ。当然全射との相性の良さが気になるところではあるが、実はこのこととあといくつかの性質を要請したものが集合圏 **Set** になるんだ。とはいえトポスはトポスで非常に重要な性質を持っている。

定理 7.3

トポスにおいて、単射かつ全射な射は同型射である。

全単射と同型射とが一致するというのは集合の世界では当然のことだが、一般の圏では成り立たないことだ。このことだけでもトポスというのは集合の世界にかなり近いことがわかるだろう。証明には、まず (7.1) の図式に $B \xrightarrow{\ !_B\ } 1$ を描きこむことで、トポスにおける任意の単射 $A \xrightarrow{\ m\ } B$ が $B \underset{\chi_m}{\overset{t \circ !_B}{\rightrightarrows}} \Omega$ の 解（イコライザ）であることが示せる。B の恒等射 1_B について 解（イコライザ）の普遍性を使えば $B \xrightarrow{\ u\ } A$ で $m \circ u = 1_B$ なるものが一意に存在することになる。これに右から m を合成した関係式を

$$m \circ u \circ m = m = m \circ 1_A$$

と変形すれば、m が全射、すなわち右簡約可能である場合には $u \circ m = 1_A$ で、m が同型射だとわかる。さあ次はいよいよ集合圏 Set の定義だ。

集合圏 Set を「これこれの公理をみたす圏」として定義することにより、集合という概念を「Set の対象」として（種々のパラドクスを避ける形で）圏論的に定義することができる。

● Set を定義する第一の条件は「単射」をうまく扱える圏、つまり「トポス」であること。ここで単射の概念は、以下のようにして一般の圏に適用可能な形で定義される。

射 f が "単射" であるとは「$f \circ g = f \circ h$ ならば $g = h$」を満たすこと。双対的に、"全射" であるとは「$g \circ f = h \circ f$ ならば $g = h$」を満たすこと。

圏 $\mathcal{C}$ がトポスであるとは、$\mathcal{C}$ が CCC であり、「部分対象分類子」を持つことをいう。

●部分対象分類子とは、「対象の一部をなす対象」としての「単射」を統括する特別な射。

部分対象分類子とは、1 から Ω への射（要素）t であって、任意の単射 m をその引き戻しとして一意的に表せるものをいう。Ω を真理値対象、t を "真"（**True**）、その引き戻し図式における Ω への射 χ_m を特性射と呼ぶ。

$$
\begin{array}{ccc}
A & \xrightarrow{\;!_A\;} & 1 \\
\scriptstyle m \big\downarrow & & \big\downarrow \scriptstyle t \\
B & \underset{\chi_m}{\dashrightarrow} & \Omega
\end{array}
$$

② 圏論的集合論

西郷＜さっそく集合圏 Set を定義しよう。集合論のように基本的なものを整理できるというのは圏論の価値を示してくれてもいる。

定義 7.4

以下の条件をみたす圏を**集合圏**（category of sets）と呼び、Set と書く。

    1. Set はトポスである。

    2. Set の全射は切断を持つ。

    3. Set は well-pointed である。

    4. Set は自然数対象を持つ。

能美＜なんだ、条件 1 以外は未定義のものばかりじゃないか。

西郷＜ちゃんと定義していくから落ち着いてくれ。トポスというのは「単射と相性の良い圏」だったから、条件 1 では「単射をうまく扱える」ことを要請している。次に条件 2 だが、射 $X \xrightarrow{f} Y$ の**切断**（section）とは、射 $Y \xrightarrow{s} X$ で $f \circ s = 1_Y$ をみたすもののことをいう。

能美＜逆射の定義の片側だけをみたすものだな。

西郷＜切断を持つ射が右簡約可能なのは明らかだろう。与えられた条件に s を右から合成すれば f を消せるんだから。ということで、一般に「切断を持つ射は全射である」というこ

211

とが成り立つ。条件 2 はこの逆が成立することを要請する
ものだ。

能美＜条件 1 と平仄を合わせれば、条件 2 は「全射をうまく扱え
る」ということか。

西郷＜そうだ。ちなみに条件 2 は**選択公理**（axiom of choice）
と呼ばれる。

能美＜ちょっと待て。何がどう「選択」なんだ。

西郷＜自分で集合間の全射のイメージ図を書いてみればわかるこ
とだが、$X \xrightarrow{f} Y$ が全射であるというのは、集合圏に
おいては当然、「Y の任意の要素には、そこへうつってく
る X の要素が存在する」という「点全射」の条件と一致
してほしい。もちろんそういう X の要素は一つとは限ら
ないが、そのうちの一つを「選択」すれば、切断 s が定義
できることになる。このとき、特にどの要素を選ぶという
「必然性」はなくても選択できる、というのが選択公理の
イメージだ。

能美＜非常に含蓄が深い公理だな。そうした「必然性のない選択」
をも扱えるというのが、切断の存在として定式化されるわ
けか。

西郷＜通常の選択公理の定式化とは異なるが、非常に本質を突い
た美しいバージョンといえるだろう。続いて条件 3 だが、
"well-pointed" については次の通りだ。

定義 7.5

終対象 1 を持つ圏 $\mathcal{C}$ が **well-pointed** であるとは、1 が始対象でなく、$\mathcal{C}$ の任意の相異なる射 $X \begin{smallmatrix} f \\ \Longrightarrow \\ g \end{smallmatrix} Y$ に対して射 $1 \xrightarrow{\ x\ } X$ で $f \circ x \neq g \circ x$ なるものが存在するときにいう。

能美＜圏において終対象からの射は要素のようなものということだったから[*4]、射を要素の立場から区別できるということだな。

西郷＜それだけ充分な要素が存在するということで "well" なんだ。さて条件 4 の自然数対象だが、これはひとことで言えば $1 \to X \to X$ というかたちをした図式の成す圏の始対象だ。

定義 7.6

終対象 1 を持つ圏 $\mathcal{C}$ において、**自然数対象**（**natural numbers object**）とは対象 N、射 $N \xrightarrow{\ s\ } N$ および $1 \xrightarrow{\ z\ } N$ の組 $\langle N, s, z \rangle$ で、他の同様な組 $\langle X, f, x \rangle$ に対して射 $N \xrightarrow{\ u\ } X$ で

$$1 \xrightarrow{\ z\ } N \xrightarrow{\ s\ } N$$

を可換にするものが一意に存在するときにいう。

[*4] 6.2 節参照。

N は自然数全体、z は 0、s は「次の自然数」を意味していると考えれば良いだろう。また一意な射 u については「初項 x で漸化式 $u_n+1 = f(u_n)$ で定まる数列」と捉えれば良いだろう。

能美＜となると、起点 x と対応 f があれば、それを表現するための数列が定義できるんだな。

西郷＜今までの条件を厳密でない表現で改めれば

集合圏 Set とは

    1. 単射と相性が良く

    2. 全射と相性が良く

    3. 充分な要素を持ち

    4. 列を扱える

ような圏である

といえる。この公理系が数学で日常的に使う程度の集合論と同等の力を持っていることは知られている。「同等の力」というのは、一方の世界で証明できる命題が他方でも証明できるということだ。そして、圏論的集合論がパラドクスに陥るくらいなら、普通の集合論も陥る。

能美＜では一安心して Set を活用していけば良いのだな。パラドクスに陥ったらまたそのとき考えよう。

> 以下の4条件をみたす圏を集合圏と呼び Set と書く。
> 　　条件1　トポスである。
> 　　条件2　全射は切断を持つ。
> 　　条件3　well-pointed である。
> 　　条件4　自然数対象を持つ。

● 条件2は「選択公理」と呼ばれる。対象 X から Y への射 f に対する切断とは、Y から X への射 s であって $f \circ s = 1_Y$ をみたすものをいう。

● 条件3の "well-pointed" とは、「点」＝「要素」(1 からの射) が、それらだけで射を識別できるほど豊かにあること（詳細は本文）。

> 終対象1をもつ圏 $\mathcal{C}$ において、自然数対象とは、対象 N、N から自身への射 s、N の要素 z の組 $<N, S, z>$ であって、同様な $<X, f, x>$ に対して右図を可換にする射 u が一意的に存在するもの。

● N は「自然数全体の集合」、s は「1 を足す」、z は「0」、f は「漸化式」、x は「初期条件」、u は漸化式の「解」としての数列に対応。

> Set とは「単射と相性が良く（条件1）」「全射と相性が良く（条件2）」「十分な要素を持ち（条件3）」「列を扱える（条件4）」圏。

Memo

第 **8** 章

随伴

① 積と冪との間の関係

西郷＜冪を導入した際に少し触れたが、積と冪との間の関係を調べることで圏論で非常に重要な「随伴」という概念に辿り着ける。

能美＜冪は積の相方のようなものと言っていたが、確かに定義を見ると $A \times B^A \xrightarrow{\text{eval}} B$ という形の射が基本なわけだから密接に関わっているようだな。

西郷＜対象 A に対する積関手 $A \times (\ )$ はもう導入したから冪関手 $(\ )^A$ を導入しよう。対象の対応については、もちろん X に対して X^A を対応させるものだ。射 $X \xrightarrow{f} Y$ の対応先については次のように定める。まず冪 X^A に対して評価射を考える。今まで評価射のことを eval と書いてきたがこれからは対象 X を明示するかたちで ε_X と書こう。つまり $A \times X^A \xrightarrow{\varepsilon_X} X$ ということだ。これに f を合成すると $A \times X^A$ から Y への射となるから、冪の普遍性により射 $X^A \xrightarrow{u} Y^A$ で

$$
\begin{array}{ccc}
A \times X^A & \xrightarrow{\varepsilon_X} & X \\
{\scriptstyle 1_A \times u} \downarrow & & \downarrow {\scriptstyle f} \\
A \times Y^A & \xrightarrow{\varepsilon_Y} & Y
\end{array}
\tag{8.1}
$$

を可換にするものが存在する。冪関手 $(\ )^A$ は f をこの u にうつすものとしよう。雰囲気を出すために u のことは f^A

と書くことにする。さて (8.1) は単に射の対応を定めているだけではなく非常に重要なことを示しているのだけれど、このままではわかりにくいだろうから積関手を F_A、冪関手を G_A として描き直そう。

$$
\begin{array}{ccc}
F_A G_A(X) & \xrightarrow{\ \varepsilon_X\ } & X \\
{\scriptstyle F_A G_A(f)} \big\downarrow & & \big\downarrow {\scriptstyle f} \\
F_A G_A(Y) & \xrightarrow[\ \varepsilon_Y\ ]{} & Y
\end{array}
$$

能美＜なるほど、評価射たちを束ねた ε が F_A, G_A の合成関手 $F_A G_A$ から恒等関手 $\mathrm{id}_{\mathcal{C}}$ への自然変換となっているのか。

西郷＜$F_A G_A \overset{\varepsilon}{\Longrightarrow} \mathrm{id}_{\mathcal{C}}$ が得られたからには、双対の $\mathrm{id}_{\mathcal{C}} \Longrightarrow G_A F_A$ がどのようなものか気になるところだ。

能美＜対象 X に対しては $X \to (A \times X)^A$ という射だな。これは型だけみると $A \times X \to A \times X$ をカリー化したものになっているな。

西郷＜実際、この型の射として恒等射 $1_{A \times X}$ のカリー化を考えれば良い。カリー化した射を η_X と書くことにしよう。目指すは

$$
\begin{array}{ccc}
X & \xrightarrow{\ \eta_X\ } & (A \times X)^A \\
{\scriptstyle f} \big\downarrow & & \big\downarrow {\scriptstyle (1_A \times f)^A} \\
Y & \xrightarrow[\ \eta_Y\ ]{} & (A \times Y)^A
\end{array}
\tag{8.2}
$$

の可換性だ。このために $(A \times Y)^A$ の冪としての普遍性を

用いよう。$A \times X$ から $A \times Y$ への射 $1_A \times f$ があるから、このカリー化を考えて g とおくと、g は

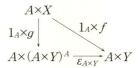

を可換にする一意な射だ。あとは (8.2) に現れる二通りの X から $(A \times Y)^A$ への射がこの図式を可換にすることが示せれば、両者はともに $1_A \times f$ をカリー化した射 g に等しくなければならない。

能美＜ 要は F_A を作用させたのちに $\varepsilon_{A \times Y}$ を合成したときに $1_A \times f$ に等しければ良いんだな。まず $\eta_Y \circ f$ については

$$\begin{array}{c} A \times X \\ {\scriptstyle 1_A \times f} \downarrow \\ A \times Y \xrightarrow[1_A \times \eta_Y]{} A \times (A \times Y)^A \xrightarrow[\varepsilon_{A \times Y}]{} A \times Y \end{array}$$

を考えることになるけれど、η_Y のアンカリー化を考えれば $\varepsilon_{A \times Y} \circ (1_A \times \eta_Y) = 1_{A \times Y}$ だから良くて、$\eta_Y \circ f$ は g に等しい。次はもう一方の $(1_A \times f)^A \circ \eta_X$ で、

$$\begin{array}{ccc} A \times X & \xrightarrow{1_A \times \eta_X} & A \times (A \times X)^A \\ & & \downarrow {\scriptstyle 1_A \times (1_A \times f)^A} \\ & & A \times (A \times Y)^A \xrightarrow[\varepsilon_{A \times Y}]{} A \times Y \end{array}$$

についてだ。まずは ε の自然性により $\varepsilon_{A\times Y} \circ (1_A \times (1_A \times f)^A)$ $= (1_A \times f) \circ \varepsilon_{A\times X}$ で、さらにさっきと同じく η_X のアンカリー化を考えることになって結局すべて合成すると $1_A \times f$ になるな。

西郷＜これで自然変換 $\mathrm{id}_{\mathcal{C}} \xoverset{\eta}{\Longrightarrow} G_A F_A$ が得られたことになる。これだけでもなかなか深い関係だが、これに加えて ε, η についての「三角等式」と呼ばれる二つの関係式がある。実は一つはもうすでに取り扱った関係式で、「$1_{A\times X}$ のカリー化を η_X とする」ということを F_A, G_A を用いて図式にすれば良い。

$$
\begin{array}{ccc}
F_A(X) & & \\
F_A(\eta_X) \downarrow & \searrow^{\,1_{F_A(X)}} & \\
F_A G_A F_A(X) & \xrightarrow[\varepsilon_{F_A(X)}]{} & F_A(X)
\end{array}
\tag{8.3}
$$

能美＜なんだ、ごちゃごちゃしてややこしいな。

西郷＜あとで X を除いたポイント・フリーな形に描き直すから我慢してくれ。もう一方はこの双対で「$1_Y A$ のアンカリー化が ε_Y である」ことを表現すれば良い。もちろん証明もしなければいけないが。このために射 $A \times X \xrightarrow{f} B$ をカリー化された $\tilde{f}$ で表現する式 $\varepsilon_B \circ F_A(\tilde{f})$ の双対を考えて ε_Y に適用しよう。

能美＜双対となると、$Y^A \xrightarrow{\eta_{YA}} (A \times Y^A)^A \xrightarrow{\varepsilon_Y^A} Y^A$ か。これが 1_{YA} に等しいはずなんだな。

西郷＜これにはやはり冪 Y^A の普遍性を用いよう。鍵となるのは

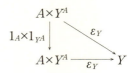

という自明な図式だ。つまらない図式に見えるかもしれないが、これはこれで冪の普遍性を表す図式になっている。

能美＜ $\varepsilon_Y^A \circ \eta_{YA}$ を F_A でうつして ε_Y を合成したときに ε_Y となれば、冪の普遍性によって $\varepsilon_Y^A \circ \eta_{YA} = 1_{YA}$ となるわけか。

西郷＜ ここでもまた F_A, G_A を用いて描くと

$$
\begin{array}{c}
F_A G_A(Y) \\
F_A(\eta_{G_A(Y)}) \downarrow \\
F_A G_A F_A G_A(Y) \xrightarrow{F_A G_A(\varepsilon_Y)} F_A G_A(Y) \\
\varepsilon_{F_A G_A(Y)} \downarrow \qquad\qquad\qquad \downarrow \varepsilon_Y \\
F_A G_A(Y) \dashrightarrow[\varepsilon_Y]{} Y
\end{array}
\tag{8.4}
$$

だ。点線で示した射は ε の自然性から出る射で、下の四角形は可換となる。

能美＜ 縦の射を合成すると、これは (8.3) で $X = G_A(Y)$ としたものだから $1_{F_A G_A(Y)}$ になって、全体として $F_A G_A(Y) \xrightarrow{\varepsilon_Y} Y$ になるな。

西郷＜ これで (8.3) の双対が示せたわけだ。見やすくするためにどちらも自然変換のかたちで描こう。そのために関手 H と自然変換 t とを合成して得られる自然変換 Ht, tH を、X 成分が次のようなものとして定義する。

$$(Ht)_X = H(t_X), (tH)_X = t_{H(X)}$$

このとき、積と冪との間の「三角等式」は

$$
\begin{array}{ccc}
F_A & G_A \xrightarrow{\ \eta G_A\ } G_A F_A G_A \\
\Big\downarrow F_A\eta \quad 1_{F_A} & \quad 1_{G_A} \quad \Big\downarrow G_A\varepsilon \\
F_A G_A F_A \xrightarrow[\ \varepsilon F_A\ ]{} F_A & G_A
\end{array}
\tag{8.5}
$$

の可換性によって表される。これが圏論で「随伴」と呼ばれる概念の本質なんだ。次は随伴に切り込んでいこう。

- 積の概念をもとに「積関手」が定まったように、冪の概念をもとに「冪関手」が定まる。

  - 積および冪をもつ圏において、$A \times X$ から X への評価射 **eval** を、対象 X を明示して ε_X と書く。このとき、右図を可換にする u が一意に定まる。この u を $(f)^A$ と書くとき、任意の対象を $(X)^A$ に射 f を $(f)^A$ に対応させる対応付け $(\ )^A$ は関手となり、冪関手と呼ばれる。

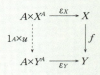

積および冪をもつ圏 $\mathcal{C}$ 上の恒等関手を $\mathrm{id}_\mathcal{C}$、積関手 $A \times (\ )$ を F_A、冪関手 $(\ )^A$ を G_A と書くとき、上の ε は合成関手 $F_A G_A$ から $\mathrm{id}_\mathcal{C}$ への自然変換を定める。双対的に、$\mathrm{id}_\mathcal{C}$ から $G_A F_A$ への自然変換 η が存在する(詳細は本文を参照)。

関手 H、自然変換 t から、
$H(t)_X = H(t_X)$
$tH_X = t_{H(X)}$
で定まる自然変換を Ht および tH と書くとき、右図が成り立つ。

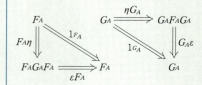

② 随伴

西郷＜ いよいよ積と冪との間にある関係を抽出して「随伴」を定義しよう。

能美＜ 両者を結ぶ良い感じの自然変換が二つあって、しかもそれらの自然変換たちが良い感じに関係し合っているのだったな。

西郷＜ いくら圏論が抽象的な話を扱っているからといってそんな意味不明に抽象化してはいけない。もっと節度を持つんだ。「随伴」は次のように定義される。

定義 8.1

圏 $\mathcal{C}, \mathcal{D}$ 間の関手 $\mathcal{C} \underset{G}{\overset{F}{\rightleftarrows}} \mathcal{D}$ について、自然変換 $FG \overset{\varepsilon}{\Longrightarrow} \mathrm{id}_{\mathcal{D}},\ \mathrm{id}_{\mathcal{C}} \overset{\eta}{\Longrightarrow} GF$ が存在してこれらが**三角等式**（triangle equation）をみたすとき、すなわち

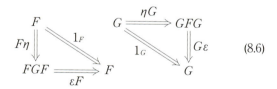 (8.6)

を可換にするとき、四つ組 $\langle F, G, \varepsilon, \eta \rangle$ を**随伴関係**（adjunction）と呼ぶ。

積、冪について調べたカリー化、アンカリー化の対応関係

をなぞることで一般の随伴関係 $\langle F, G, \varepsilon, \eta \rangle$ に対しても $\mathcal{D}$ の射 $F(X) \to Y$ と $\mathcal{C}$ の射 $X \to G(Y)$ とが一対一に対応していることがわかる。しかもこの対応は自然なんだ。

能美＜「射の対応が自然だ」というのはどういう意味だ？

西郷＜hom 関手の自然同値に関する話なんだが、まずは考え方を整理しよう。これには自然変換の例として hom 関手についていろいろ調べたことが役に立つ[*1]。$(\ )h$ は $\mathcal{C}$ の対象 X に対して反変 hom 関手 ^{X}h を対応させる関手だったが、どこからどこへの関手だったかというのを見直せば $\mathcal{C} \to \mathrm{Fun}(\mathcal{C}^{\mathrm{op}}, \mathbf{Set})$ というものだった。関手圏 $\mathrm{Fun}(\mathcal{C}^{\mathrm{op}}, \mathbf{Set})$ というのは圏 $\mathcal{C}^{\mathrm{op}}$ から圏 $\mathbf{Set}$ への関手全体だからこれは圏の冪みたいなものだ。となるとアンカリー化みたいな操作が行えて、$\mathcal{C}^{\mathrm{op}} \times \mathcal{C}$ から $\mathbf{Set}$ への関手が考えられるだろう。

能美＜君の説明こそふわふわじゃないか。

西郷＜厳密に議論すれば示せることだが、単に $\mathcal{C}^{\mathrm{op}} \times \mathcal{C} \xrightarrow{\ \mathrm{Hom}_{\mathcal{C}}(-,-)\ } \mathbf{Set}$ という関手が考えられるだろうというアイデアを出すだけだからこれで充分で、いわば戦略的なふわふわさだ。君とは違うのだよ。

能美＜ふん、そもそもなんだその $\mathrm{Hom}_{\mathcal{C}}(-,-)$ という表記は。ダンベルを持って力を誇示している遮光器土偶みたいで気持ち悪いじゃないか。

西郷＜なぜそうわけのわからんいちゃもんばかり思い付くん

[*1] 4.4 節参照。

だ。まあ圏の積くらいは定義しておこう。圏 $\mathcal{C}$, $\mathcal{D}$ の積 $\mathcal{C} \times \mathcal{D}$ とは、$\mathcal{C}$, $\mathcal{D}$ それぞれの対象、射の組で構成される圏のことだ。つまり、$\mathcal{C} \times \mathcal{D}$ の対象は $\mathcal{C}$ の対象 X、$\mathcal{D}$ の対象 Y を用いて $\langle X, Y \rangle$ と書けるもので、射も同じく $\mathcal{C}$ の射 $X \xrightarrow{f} X'$、$\mathcal{D}$ の射 $Y \xrightarrow{g} Y'$ を用いて $\langle X, Y \rangle \xrightarrow{\langle f, g \rangle} \langle X', Y' \rangle$ と書けるものだ。$\mathrm{Hom}_{\mathcal{C}}(-,-)$ の対応については、対象 $\langle X, Y \rangle$ に対して $\mathrm{Hom}_{\mathcal{C}}(X, Y)$ を対応させるものだ。射について考える前に $\mathrm{Hom}_{\mathcal{C}}(-,-)$ は第一引数について反変だということに注意しよう。

能美＜ $\mathcal{C}$ の射 $A' \xrightarrow{a} A$ に対応する $\mathcal{C}^{\mathrm{op}}$ の射を $A \xrightarrow{a^{\mathrm{op}}} A'$ とすると、他の $\mathcal{C}$ の射 $B \xrightarrow{b} B'$ と組み合せて $\mathcal{C}^{\mathrm{op}} \times \mathcal{C}$ の射が $\langle A, B \rangle \xrightarrow{\langle a^{\mathrm{op}}, b \rangle} \langle A', B' \rangle$ と表現できる。hom 関手によって、射は前や後ろからその射を合成するというはたらきにうつっていたから、$\mathrm{Hom}_{\mathcal{C}}(A,B) \xrightarrow{\mathrm{Hom}_{\mathcal{C}}(a^{\mathrm{op}}, b)} \mathrm{Hom}_{\mathcal{C}}(A', B')$ は、射 $A \xrightarrow{x} B$ を $A' \xrightarrow{a} A \xrightarrow{x} B \xrightarrow{b} B'$ に対応させるものとすれば良いか。

西郷＜実はこの対応についてはすでに (4.2) で調べていて、今得られた結果と合わせて書けば

$$^{B}h(a^{\mathrm{op}}) \circ h_A(b) = \mathrm{Hom}_{\mathcal{C}}(a^{\mathrm{op}}, b) = h_{A'}(b) \circ {}^{B}h(a^{\mathrm{op}})$$

ということだ。さて、$\mathcal{C} \xrightarrow{F} \mathcal{D}$ に対応する $\mathcal{C}^{\mathrm{op}} \to \mathcal{D}^{\mathrm{op}}$ のことを F^{op} として、合成関手 $\mathcal{C}^{\mathrm{op}} \times \mathcal{D} \xrightarrow{F^{\mathrm{op}} \times \mathrm{id}_{\mathcal{D}}} \mathcal{D}^{\mathrm{op}} \times \mathcal{D} \xrightarrow{\mathrm{Hom}_{\mathcal{D}}(-,-)} \mathbf{Set}$ を $\mathrm{Hom}_{\mathcal{D}}(\mathrm{F}(-), -)$ と書くことにし、$\mathrm{Hom}_{\mathcal{C}}(-, G(-))$ も同様に定めれば、懸案の随伴によ

る射の自然な対応は次のように記述できる。

定理 8.2

圏 $\mathcal{C}, \mathcal{D}$ 間の関手 $\mathcal{C} \underset{G}{\overset{F}{\rightleftarrows}} \mathcal{D}$ の定める随伴関係 $\langle F, G, \varepsilon, \eta \rangle$ から自然同値 $\mathrm{Hom}_\mathcal{D}(F(-), -) \Rightarrow \mathrm{Hom}_\mathcal{D}(-, G(-))$ が構成できる。

　　主張の準備に手間取ったが、証明自体は最初に言ったようにカリー化とアンカリー化との間の関係について確かめたことを追うだけだ。まず、$F(X) \xrightarrow{f} Y$ から $X \xrightarrow{\eta_X} GF(X) \xrightarrow{G(f)} G(Y)$ への対応を $\varphi_{<X, Y>}$、$X \xrightarrow{g} F(Y)$ から $F(X) \xrightarrow{F(g)} FG(Y) \xrightarrow{\varepsilon_Y} Y$ への対応を $\psi_{<X, Y>}$ とすることで自然変換 $\mathrm{Hom}_\mathcal{D}(F(-), -) \overset{\varphi}{\Longrightarrow} \mathrm{Hom}_\mathcal{D}(-, G(-))$ および逆向きの自然変換 ψ が定義できる。φ がカリー化、ψ がアンカリー化に相当する。この自然性は ε, η の自然性から従う。

能美< φ についていえば、$X' \xrightarrow{x} X$, $Y \xrightarrow{y} Y'$ から定まる図式

$$
\begin{array}{ccc}
\mathrm{Hom}_\mathcal{C}(X', G(Y')) & \xleftarrow{\mathrm{Hom}_\mathcal{C}(x, G(y))} & \mathrm{Hom}_\mathcal{C}(X, G(Y)) \\
\varphi_{<X', Y'>} \Big\uparrow & & \Big\uparrow \varphi_{<X, Y>} \\
\mathrm{Hom}_\mathcal{D}(F(X'), Y') & \xleftarrow[\mathrm{Hom}_\mathcal{D}(F(x), y)]{} & \mathrm{Hom}_\mathcal{D}(F(X), Y)
\end{array}
$$

が可換になれば良い。右下の $\mathrm{Hom}_\mathcal{D}(F(X), Y)$ から $F(X) \xrightarrow{f} Y$ をとって反時計回りに周れば

$$\varphi_{<X',\,Y'>}(\mathrm{Hom}_{\mathcal{D}}(F(x),\,y)(\,f\,))$$
$$=\ \varphi_{<X',\,Y'>}(y\ \circ\ f\ \circ\ F(x))$$
$$=G(y)\ \circ\ G(\,f\,)\ \circ\ GF(x)\ \circ\ \eta_{X'}$$

となる。η の自然性から

$$GF(x)\ \circ\ \eta_{X'}\ =\ \eta_X\ \circ\ x$$

だから、

$$\varphi_{<X',\,Y'>}(\mathrm{Hom}_{\mathcal{D}}(F(x),\,y)(\,f\,))$$
$$=G(y)\ \circ\ G(\,f\,)\ \circ\ \eta_X\ \circ\ x$$
$$=\mathrm{Hom}_{\mathcal{C}}(x,\,G(y))(G(\,f\,)\ \circ\ \eta_X)$$
$$=\mathrm{Hom}_{\mathcal{C}}(x,\,G(y))(\ \varphi_{<X,\,Y>}(\,f\,))$$

となって良いな。

西郷< ψ の自然性も同様にして示せる。さて後はすでに確かめたことが使える。(8.3),(8.4)から φ_Y をカリー化してアンカリー化すると元の φ_Y に戻ることを示したが、これと同じ議論によって、三角等式を基にして $\psi\ \circ\ \varphi$ が $\mathrm{Hom}_{\mathcal{D}}(F(-),\,-)$ の恒等自然変換に等しいことが示せる。$\varphi\ \circ\ \psi$ に関してはこの双対だ。これで φ,ψ が自然同値を与えることがわかった。さて、随伴関係は極限、余極限とも深く関わっている：

定理 8.3

圏 C, D 間の関手 $C \underset{G}{\overset{F}{\rightleftarrows}} D$ の定める随伴関係 $\langle F, G, \varepsilon, \eta \rangle$ を考える。C における J 型の図式 D に対して FD は D における J 型の図式となるが、FD の余極限は D の余極限を F でうつしたものと同型となる。

このことを F は余極限を**保存する**（preserve）という。双対的に G は極限を保存する。始対象や終対象の場合を証明してみると雰囲気が掴めると思うし、一般の場合も「hom 関手が（余）極限を保つこと」さえ示せれば後は米田の補題によって証明できるので、ぜひチャレンジしてみてほしい。さてこの事実を用いると、例えば **Set** をはじめ任意のトポスにおいて次が示せる：

$$A \times (B + C) \cong A \times B + A \times C$$
$$(B \times C)^A \cong B^A \times C^A$$

積関手、冪関手が随伴関係を定めることはわかっていて、$B + C$ は余極限、$B \times C$ は極限だからな[*2]。

能美＜延々と議論を続けて辿り着いた場所が算数の基本的な関係式とは。

西郷＜むしろ算数の裏にはこれだけ奥深い話があるのだということなんだから、もっと謙虚になるんだ。

[*2] 「トポスは有限余極限を持つ」という重要な定理がある。

- 積関手と冪関手、そしてそれらをとりもつ自然変換たちの関係を一般化すると、「随伴」という概念が得られる。

> 圏 $\mathcal{C}$ から圏 $\mathcal{D}$ への関手 F、圏 $\mathcal{D}$ から圏 $\mathcal{C}$ への関手 G、FG から id への自然変換 ε、id から GF への自然変換 η からなる組 $<F, G, \varepsilon, \eta>$ が随伴関係であるとは、下図をみたすことをいう。
>
>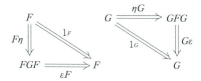

- 随伴関係は Hom との深い関係を持つ。

> 定理：上のような随伴関係からは、自然同値
> $$\mathrm{Hom}(F(\ ), (\ )) \Rightarrow \mathrm{Hom}((\ ), G(\ ))$$
> が定まる。

- さらに、極限とも深い関係を持つ。

> 定理：上のような随伴関係において、F は余極限を保ち、G は極限を保つ（詳細は本文参照）。

- 上の定理のささやかな例として、集合圏をはじめ任意のトポスにおいて以下が示される。
$$A \times (B + C) \cong A \times B + A \times C$$
$$(B \times C)^A \cong B^A \times C^A$$

Memo

第9章

モナド

① 随伴からモナドへ

西郷＜随伴という概念は圏論的に極めて重要なものであり、ガロア理論から論理学に至るまで数学の諸分野での例にも事欠かない。ただ、これを語りだすと話が長くなり過ぎるので、われわれは随伴からまっすぐに「モナド」の概念へと進むことにしよう。この「モナド」は、単に数学的重要性だけでなく、実社会、特にプログラミングの世界の土台とも深くつながっている。

能美＜「プログラミングの世界」は実社会なのか？

西郷＜数学界でないのだから、それはもちろん実社会だろう。待てよ、数学界でないともいえないか。いやいやそんなことはどうでも良いのだ。下らんことを言うんじゃない。モナドの話に戻そう。まず関手 $\mathcal{C} \underset{G}{\overset{F}{\rightleftarrows}} \mathcal{D}$ の定める随伴 $\langle F, G, \varepsilon, \eta \rangle$ からスタートして、合成関手 GF というのを考えると、これは圏 $\mathcal{C}$ の自己関手だ。この関手の面白いところは、$FG \overset{\varepsilon}{\Longrightarrow} \mathrm{id}_{\mathcal{D}}$ から $GFGF \overset{G\varepsilon F}{\Longrightarrow} GF$ という自然変換が得られる点だ。

能美＜左から G、右から F を合成しているんだな。

西郷＜これは、GF を一つの関手とみれば、GF を2回合成したものから GF への自然変換だ。いわば「2乗」を「1乗」に戻しているようなものだな。となると、より高次のものから始めてもこの自然変換によって GF に辿り着くことが

できるわけだが、この際、結合律に似た法則が成り立つ。

能美＜結合律は二項演算についての法則だが、「2乗を1乗に」というのを二項演算とみなしているのか？

西郷＜そう、二項演算は「2つの値から1つの値を得る」演算だから似た部分がある。もっと根本的な類似性があるのだけれど、この点については次に回そう。さてどういった法則かというと、「3乗」$GFGFGF$から始めてGFに辿り着く方法には、まず後ろの2組について$G\varepsilon F$でGFに変換する場合①と、前の2組を変換する場合②との2通りが考えられるが、これらが等しいというものだ。

能美＜①が $GF(GFGF) \xRightarrow{GFG\varepsilon F} GFGF$ を考える方法、②が $(GFGF)GF \xRightarrow{G\varepsilon FGF} GFGF$ を考える方法ということか。確かに結合律も、どのようにペアを組んでも同じ結果が得られるという法則だったから、似た法則だな。

西郷＜まあ長々と説明してきたが、要は

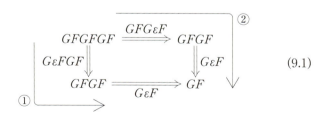

が可換だということだ。これを見るには、右端のFと左端のGを取り除いた

$$
\begin{array}{ccc}
FGFG & \xrightarrow{\ FG\varepsilon\ } & FG \\
{\scriptstyle \varepsilon FG}\big\Downarrow & & \big\Downarrow{\scriptstyle \varepsilon} \\
FG & \xRightarrow[\ \varepsilon\ ]{} & \mathrm{id}_{\mathcal{D}}
\end{array}
$$

が可換であれば良いが、この図式は ε 同士のいわゆる「**水平合成（horizontal composition）**」を定義するものだから可換だ。

能美＜なんだ水平合成って。初めて聞いたぞ。それは自然変換の普通の合成とは違うのか。

西郷＜なんと。こんな重要な概念についてわれわれはまだ話していなかったのか。君が忘れただけではないのかね。自然変換 $F \xLongrightarrow{a} G,\, S \xLongrightarrow{\beta} T$ について、次のような図式が描ける：

$$
\begin{array}{ccc}
FS & \xRightarrow{\ F\beta\ } & FT \\
{\scriptstyle aS}\big\Downarrow & & \big\Downarrow{\scriptstyle aT} \\
GS & \xRightarrow[\ G\beta\ ]{} & GT
\end{array}
\qquad\qquad
\begin{array}{ccc}
F(S(X)) & \xrightarrow{\ F(\beta_X)\ } & F(T(X)) \\
{\scriptstyle a_{S(X)}}\big\downarrow & & \big\downarrow{\scriptstyle a_{T(X)}} \\
G(S(X)) & \xrightarrow[\ G(\beta_X)\ ]{} & G(T(X))
\end{array}
$$

左は自然変換としての図式、これを $\mathcal{C}$ の対象 X についての成分を考えることで $\mathcal{C}$ の図式に直したのが右のものだ。a は自然変換だからこれらは可換で、結局自然変換 $FS \Rightarrow GT$ が得られたことになる。こうして水平合成の概念が定まる：

定義 9.1

自然変換 $F \stackrel{\alpha}{\Longrightarrow} G, S \stackrel{\beta}{\Longrightarrow} T$ についてその水平合成 $\alpha\beta$ を

$$\alpha\beta := \alpha T \circ F\beta = G\beta \circ \alpha S$$

によって定める。

関手圏の射としての自然変換の合成のほうはこれと区別するために**垂直合成**（vertical composition）とも呼ばれる。さて、GF についてはもう一つ重要な関係式がある。「次数」の観点からみれば $\mathrm{id}_{\mathcal{C}} \stackrel{\eta}{\Longrightarrow} GF$ は次数を上げているとみなせる。二つ目の関係式というのは、$G\varepsilon F$ の作用が η と整合的だというもので、具体的には

$$
\begin{array}{ccc}
GF \stackrel{GF\eta}{\Longrightarrow} & GFGF & \stackrel{\eta GF}{\Longleftarrow} GF \\
\searrow \mathrm{id}_{GF} & \Downarrow G\varepsilon F & \mathrm{id}_{GF} \swarrow \\
& GF &
\end{array}
\tag{9.2}
$$

は可換だということだ。

能美＜ こちらは随伴の三角等式からすぐわかるな。

西郷＜ そうだ。以上の考察をもとに、いよいよかの有名な「モナド」の話をしよう。

$\langle F, G, \varepsilon, \eta \rangle$：関手 $C \underset{G}{\overset{F}{\rightleftarrows}} D$ の定める随伴

圏 C の自己関手 GF について、$FG \overset{\varepsilon}{\Longrightarrow} \mathrm{id}_D$ から

> 「2乗」から「1乗」への自然変換
> $$GFGF \overset{G\varepsilon F}{\Longrightarrow} GF$$
> が存在する。

ことがわかる。

結合律：「3乗」→「2乗」→「1乗」も考えられる。「3乗」には $GF(GFGF)$ と $(GFGF)GF$ との2通りが存在するが、どちらでも結果は同じ。

$$
\begin{array}{ccc}
GFGFGF & \overset{GFG\varepsilon F}{\longrightarrow} & GFGF \\
{\scriptstyle G\varepsilon FGF}\downarrow & & \downarrow{\scriptstyle G\varepsilon F} \\
GFGF & \underset{G\varepsilon F}{\longrightarrow} & GF
\end{array}
$$

単位律：「次数」を上げる $\mathrm{id}_C \overset{\eta}{\Longrightarrow} GF$ と整合的。

$$
\begin{array}{ccccc}
GF & \overset{GF\eta}{\longrightarrow} & GFGF & \overset{\eta GF}{\longleftarrow} & GF \\
& {\scriptstyle 1_{GF}}\searrow & \downarrow{\scriptstyle G\varepsilon F} & \swarrow{\scriptstyle 1_{GF}} & \\
& & GF & &
\end{array}
$$

② モナドの定義

西郷＜随伴から得られる合成関手が二項演算に類似した性質を持つことを見たが、この特徴を抽出して、「モナド」の概念を導入しよう。

能美＜関手を何回合成するか、という「次数」を減らしたり増やしたりするという話だったな。

西郷＜モナドというのは一言でいえば「自己関手圏におけるモノイド対象」ということなんだが、砕いていえば「自己関手圏におけるモノイドのようなもの」となる。

能美＜全然変わってないじゃないか。まったくわからん。

西郷＜前者では「モノイド対象」という未知の語を使っているが、後者では知っている単語しか出てないだろうが。全然違う。まあもう少し詳しくいえば、「集合圏におけるモノイド」の対応物を自己関手圏で考えたものということだ。

能美＜モノイドというと、対象を一つしか持たない圏のことだったな。

西郷＜特徴は、射の集まりに「射の合成」という二項演算、そして「恒等射」という単位元があって、結合律、単位律をみたしているということだ。圏論的にいえば、射の集まりを M とすると、合成とは $M \times M \xrightarrow{\mu} M$ という射、単位元とは $1 \xrightarrow{u} M$ という射だといえる。また、結合律は

$$
\begin{array}{ccc}
M{\times}M{\times}M & \xrightarrow{1_M\times\mu} & M{\times}M \\
{\scriptstyle \mu\times 1_M}\downarrow & & \downarrow{\scriptstyle \mu} \\
M{\times}M & \xrightarrow{\mu} & M
\end{array}
\tag{9.3}
$$

が可換であること、単位律は

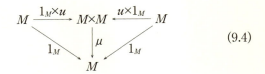
(9.4)

が可換であることと言い換えられる。特に小さなモノイドに対しては M は集合とみなせるから、これら二つの図式は **Set** におけるものだ。

能美＜ 対象の配置の様子を見ると、随伴に対して成り立っていた (9.1),(9.2) と同じだな。

西郷＜ これが、「自己関手圏におけるモノイドのようなもの」ということだ。

能美＜ 「ようなもの」とはまた関手的な言い回しだな。

西郷＜ 実際そうで、そのためには有向グラフの場合と同様、「モノイドの理念の圏」$\mathcal{M}$ を考える必要がある[*1]。これは、(9.3),(9.4) を成り立たせるに足る最小限の構造を備えた圏で、$\mathcal{M}$ を用いれば「小さなモノイドとは $\mathcal{M}$ から **Set** へ

[*1] より詳しくは「しゃべくり線型代数」第 16 回 (『現代数学』2018 年 7 月号) 参照。

の積を保つ関手だ」といえる。

能美＜となると、$\mathcal{M}$ から自己関手圏への関手を考えれば良いのか？

西郷＜この場合、積構造を「関手の合成」と捉える必要があるが、その通りだ。改めて定義を述べれば次のようになる：

定義 9.2

圏 $\mathcal{C}$ から $\mathcal{C}$ への関手 T、自然変換 $TT \overset{\mu}{\Longrightarrow} T$ および自然変換 $\mathrm{id}_{\mathcal{C}} \overset{u}{\Longrightarrow} T$ が

$$
\begin{array}{ccc}
TTT & \overset{T\mu}{\Longrightarrow} & TT \\
\mu T \Downarrow & & \Downarrow u \\
TT & \underset{\mu}{\Longrightarrow} & T
\end{array}
\tag{9.5}
$$

$$
\begin{array}{ccccc}
T & \overset{T\mu}{\Longrightarrow} & T & \overset{\mu T}{\Longleftarrow} & T \\
 & {}_{1_T}\searrow & \Downarrow \mu & {}_{1_T}\swarrow & \\
 & & T & &
\end{array}
\tag{9.6}
$$

を可換にするとき、T を $\mathcal{C}$ における**モナド**（**monad**）と呼ぶ。

ちなみに、どういった積構造が適切かという点を突き詰めていくと、圏論における通常の積の条件を緩めた「モノイダル積」という概念に行き着く。このモノイダル積を備えた圏を「モノイダル圏」と呼び、モノイドの理念の圏 $\mathcal{M}$

からモノイダル圏へのモノイダル積を保つ関手を「モノイド対象」と呼ぶ。

能美< 急にわけのわからないことをまくし立てないでくれ。僕はモナドで充分だ。

西郷< なんとも向上心のない奴だ。自己関手圏は関手の合成をモノイダル積とするモノイダル圏になるからモノイド対象を考えることができて、これが最初に言った「自己関手圏におけるモノイド対象」ということの意味だ。さて次はモナドから始めて随伴を導けるという話をしよう。

モナド

= 集合圏におけるモノイドの自己関手圏における対応物
= 自己関手圏上の代数構造として最も基本的なもの

	集合圏	自己関手圏
積構造	集合の直積	関手の合成
二項演算	$M \times M \to M$	$TT \Rightarrow T$
単位	$1_{\text{Set}} \to M$	$1_c \Rightarrow T$

モナドの結合律

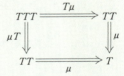

モナドの単位律

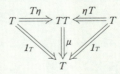

③ モナドから随伴へ

西郷＜関手 $\mathcal{C} \underset{G}{\overset{F}{\rightleftarrows}} \mathcal{D}$ の定める随伴 $\langle F,\ G,\ \varepsilon,\ \mu \rangle$ について、合成 GF が $\mathcal{C}$ におけるモナドだということがわかったが、逆に、モナドから随伴を定めることができるかという問題が生じる。

能美＜つまり、$\mathcal{C}$ におけるモナド T だけが与えられた状況で、適当な圏 $\mathcal{D}$ を作って、関手 $\mathcal{C} \underset{G}{\overset{F}{\rightleftarrows}} \mathcal{D}$ で随伴を定めるようなものを見付けるということだな。

西郷＜この問題については同時代に2種類の解決策が提示された。一つが Eilenberg, Moore によるもので、もう一つが Kleisli によるものだ。計算機科学の分野では特に後者に用いられる **Kleisli 圏** $\mathcal{C}_T$ が注目されているから、こちらについて話そう。これが君のいう「適当な圏 $\mathcal{D}$」にあたる。まず $\mathcal{C}_T$ の対象だが、これには $\mathcal{C}$ の対象をそのまま用いる。区別のため、$\mathcal{C}$ の対象 X を $\mathcal{C}_T$ で考える際には T をつけて X_T と書くことにしよう。次に射についてだが、少しややこしいかもしれないが、$\mathcal{C}$ で $X \xrightarrow{\ f\ } T(Y)$ の形の射があるとき、これを $\mathcal{C}_T$ の射 $X_T \xrightarrow{\ f_T\ } Y_T$ だと考える。

能美＜対象についてはまったく同じものを持っているけれど、異なる射の集まりを考えていることになるな。あとは合成がどうなっているか、か。$\mathcal{C}_T$ の射 $X_T \xrightarrow{\ f_T\ } Y_T$ と $Y_T \xrightarrow{\ g_T\ } Z_T$ とが与えられたとき、これらはそれぞれ $\mathcal{C}$

243

の射 $X \xrightarrow{f} T(Y)$, $Y \xrightarrow{g} T(Z)$ を表す。このままでは合成できないな。

西郷＜ここからはモナドの性質の出番だ。まずそもそもモナド T は関手なのだから $T(g)$ を考えると $T(Y) \xrightarrow{T(g)} T(T(Z))$ で f と合成できる形になる。しかしこのままでは $X \xrightarrow{T(g) \circ f} T(T(Z))$ で、余域の方に T が多すぎる形になっている。そこで「2乗を1乗にする」自然変換 $TT \xRightarrow{\mu} T$ の Z 成分を合成すれば、$\mu_Z \circ T(g) \circ f$ は X から $T(Z)$ への射となって、$\mathcal{C}_T$ の射とみなせる形になる。また恒等射 $X_T \xrightarrow{1_{X_T}} X_T$ については、「単位元」である自然変換 u の X 成分 $X \xrightarrow{u_X} T(X)$ の対応物とする。

能美＜つじつまはあっているが、実にややこしいな。

西郷＜こうして作った $\mathcal{C}_T$ が圏であること、つまり結合律、単位律が成り立つことは実際に計算すればわかる。次は関手 F, G の定め方だ。まず F についてだが、射 $X \xrightarrow{f} Y$ に u_Y を合成すれば X から $T(Y)$ への射となることに着目して、f から $X_T \xrightarrow{(u_Y \circ f)_T} Y_T$ への対応を F としよう。G は、射の合成に似ているが $X_T \xrightarrow{f_T} Y_T$ の $\mathcal{C}$ における対応物 $X \xrightarrow{f} T(Y)$ を T でうつして μ_Y を合成する操作だとする。恒等射が恒等射にうつり、また合成が保存されることを確認すれば $\mathcal{C} \underset{G}{\overset{F}{\rightleftarrows}} \mathcal{C}_T$ が関手だとわかる。

能美＜ GF が $\mathcal{C}$ から $\mathcal{C}$ への関手だから、これが T になるんだな。$\mathcal{C}$ の射 $X \xrightarrow{f} Y$ を F でうつすと $\mathcal{C}_T$ の射 $X_T \xrightarrow{(u_Y \circ f)} {}^T Y_T$ になるが、これをさらに G でうつすと $\mu Y \circ T(u_Y \circ f)$ に

なる。(9.6) から

$$\mu_Y \circ T(u_Y \circ f) = \mu_Y \circ T(u_Y) \circ T(f) = T(f)$$

となるから $GF = T$ だ。

西郷＜ あとは随伴関係だが、$GF = T$ なのだから $\mathrm{id}_{\mathcal{C}} \Rightarrow GF$ としてはモナド T の単位元 u が使える。相方の自然変換 $FG \overset{u}{\Longrightarrow} \mathrm{id}_{\mathcal{C}_T}$ は、X_T 成分が $v_{X_T} = (1_{T(X)})_T$ で与えられるようなものとしよう。

能美＜ v_{X_T} は、$\mathcal{C}$ の射 $T(X) \overset{1_{T(X)}}{\longrightarrow} T(X)$ の $\mathcal{C}_T$ における対応物だから $(T(X))_T$ から X_T への射だな。

西郷＜ $\mathcal{C}_T$ の射 $X_T \overset{f_T}{\longrightarrow} Y_T$ の FG によるうつり先が $(u_{T(Y)} \circ \mu_T \circ T(f))_T$ だということに注意して自然変換がみたすべき可換性を確認すれば v が自然変換だとわかる。随伴の三角等式も、それぞれの X 成分、X_T 成分を考えれば成り立つことがわかるだろう。

定理 9.3

圏 $\mathcal{C}$ におけるモナド T から Kleisli 圏 $\mathcal{C}_T$ を構成し、関手 $\mathcal{C} \underset{G}{\overset{F}{\rightleftarrows}} \mathcal{C}_T$ を

$$F(X \overset{f}{\longrightarrow} Y) = X_T \overset{(u_Y \circ f)_T}{\longrightarrow} Y_T$$
$$G(X_T \overset{f_T}{\longrightarrow} Y_T) = T(X) \overset{\mu_Y \circ T(f)}{\longrightarrow} T(Y)$$

で定めることにより、F, G は随伴を定め、$T = GF$ となる。

能美＜ まあ、随伴とモナドとの間の関係はわかったが、これだけ

245

では単に数学的に興味深い結果というだけにしか聞こえないな。なんで計算機科学がモナドやら Kleisli 圏に興味を持っているんだ？どうにも怪しい。誰かに唆されているんじゃないか？

西郷＜せっかく数学の一分野が脚光を浴びているというのに、なぜそう水を差すようなことを言うんだ。このあたりのことについては次で話そう。

随伴からモナドが出ることはわかったが逆は？

→同時代に 2 種類の解決策が出た
　このうちの一つが Kleisli による方法

Kleisli（1965）

圏 $\mathcal{C}$ とそのモナド T から作られる圏 $\mathcal{C}_T$ を考えると、

T は随伴 $\mathcal{C} \overset{F}{\underset{G}{\rightleftarrows}} \mathcal{C}_T$ によって

$T = GF$ と書ける。

$\mathcal{C}_T$ を Kleisli 圏と呼ぶ。

Kleisli 圏 $\mathcal{C}_T$ の作り方

－ $\mathcal{C}_T$ の対象は $\mathcal{C}$ の対象
　区別のため $\mathcal{C}$ の対象 X に対応する $\mathcal{C}_T$ の対象を X_T と書く。
－ $\mathcal{C}_T$ の射 $X_T \overset{f_T}{\longrightarrow} Y_T$ は $\mathcal{C}$ の射 $X \overset{f}{\longrightarrow} T(Y)$
－合成は「二項演算」$TT \Rightarrow T$ から定まる
－恒等射は「単位元」$\mathrm{id}_\mathcal{C} \Rightarrow T$ から定まる

④ 計算効果とモナドと Haskell

▌計算効果

西郷 < モナドが本当に役に立つのかなどと不埒な疑いを抱く君の
ために計算効果の話をしよう。要点は、「計算効果」とい
うものの一部がモナドによって扱うことができて、モナド
の考え方を備えた言語を使うとプログラマは計算したいこ
とに集中できるということだ。

能美 < ほう、それは結構なことだな。僕も常々仕事などという雑
事に邪魔されることなく給料を貰うことのみに集中したい
と考えているんだ。

西郷 < 浅ましさも極まるとなかなか深遠な哲学を秘めるようにな
るのだな。君の今の見下げ果てた発言を「仕事とは給料を
得る過程で発生する給料以外の部分」とまとめれば、「**計
算効果**（computational effect）とは計算する過程で発生
する計算以外の部分」といえる。

能美 < それなら計算効果とは仕事のようなもので、すなわち僕の
敵か。許せないな。

西郷 < これは単なるたとえだから落ち着いてくれ。それに、計算
効果は仕事と違って悪いものばかりというわけではない。
もう少し計算効果について説明するために、まずはプログ
ラムの持つ関数的な側面に注意してほしい。というのも、
プログラムというのは基本的に何らかの入力を何らかの出

力に変えるものだからだ。非常に簡単な例として、自然数に対して「1 を足す」というものを考えると、これは自然数 n から $n+1$ を得る $\mathbb{N}$ から $\mathbb{N}$ への関数となる。だが、実数に対して「逆数をとる」というものを考えると、これは実数全体に対しては定義できない。

能美＜ 0 の逆数は計算できないから、0 でない実数全体上の関数となるな。

西郷＜とはいえ、電卓なりなんなりでそういう命令自体を出すことは可能だ。こういった「プログラムの実行が失敗する例」としてよく挙げられるのがデータベースなどの検索だ。たとえば入力された人名を電話帳から検索して電話番号を返すプログラムを考えたとき、収録されていない人名を入力すると失敗する。ここで得られるはずの電話番号をさらに他のプログラムの入力として使いたい場合、問題は連鎖することになる。

能美＜そういう場合は分岐を使って、成功したときと失敗したときとの処理を考えれば良いんじゃないか。

西郷＜基本的にはまったくその通りなのだが、応用的にはまったく間違いだ。

能美＜何を言っているんだ？

西郷＜いや口が滑った。とにかく君の案はまったく実用的でないということが言いたかったんだ。まったく、しっかりしてくれ。プログラムの連鎖が一つや二つなら良いが、もしこの後にもプログラムがいくつも続いていると非常に厄介

だ。それぞれのプログラムで入力を受け取るごとに「これは失敗かもしれない値だ」と意識し続けるのも面倒だし、分岐を何度も書いていくのもコードの見た目を損なう。

能美＜確かにな。大体そういう煩雑なのはバグの温床になって困るんだ。

西郷＜まあ悪い例ばかり挙げたが、計算効果をあえて取り入れることでわかりやすいプログラムになることもあるから、先程もいったように悪いものばかりというわけではないんだ。それに、基本的に計算効果というものは現実社会とやりとりする際にはどうしたって出てくるものだと思って良いから、一概に排除していこうと考えるのではなく、いかにうまく付き合っていくかという観点に立った方が良いだろう。

能美＜社会のしがらみみたいなもんだな。一度関わりを持ってしまうとなかなか抜け出せない。

西郷＜可能な限り引きこもっていたいと願う君らしい見解だな。とはいえ「一度関わりを持ってしまうと」というのは良い点を突いている。先程の「失敗するかもしれないプログラム」の例でも、プログラムの連鎖の中に一つでもこういったプログラムが含まれると、それ以降のプログラムはすべて「失敗かもしれない値」を受け取ることになるからな。圏論を意識して言い換えると、「値」から「値」への純粋に計算だけを行うプログラムに集中したいところを、実際には「失敗かもしれない値」から「失敗かもしれない値」

へのプログラムとしなければならないということだ。

能美＜そう言われるといかにも関手といった感じだな。値は失敗かもしれない値にうつり、計算だけを行うプログラムは計算の部分は保ったまま失敗の場合への処理を加えたプログラムにうつるといったところか。

西郷＜より圏論的な見方をするためにはどういう圏かを指定する必要があるが、簡単に整数型や文字列型などのデータ型を対象としてプログラムを射とするような圏を考えたとき、計算効果はこの圏の自己関手としてモデル化できそうだということだ。この見方を押し進めていくつかの計算効果をモナドとして捉えたのが Moggi だ[*2]。彼は計算効果を含んだプログラムを Kleisli 圏の射だとみなすことによって物事をうまく説明した。

▌計算効果とモナド

能美＜つまり、実際上目にするプログラムは単に型から型への対応なのではなく、型から計算効果の付属した型への対応だということか。この見方自体はさっきからの話を聴いていると、まあなるほどなという感じだが、何がそんなにありがたいんだ？

西郷＜ Kleisli 圏で考えることによって、先程から取り上げてい

[*2] Moggi が用いたものは「強モナド」と呼ばれるもので、元の圏のモノイダル構造を Kleisli 圏に反映させられるようなものだが、ここではモナドの性質に的を絞って話を進める。

250

るプログラムの連結が射の合成として表現できるんだ。やはり「失敗するかもしれないプログラム」を例として挙げてみよう。この計算効果には **Maybe モナド**（Maybe monad）と呼ばれるものが対応している。プログラム f は、型 A の値を引数にとって計算が成功した場合に型 B の値を返すようなものとしよう。計算が失敗した場合の出力は Nothing とされ、成功した場合に得られる型 B の値には Just を付けて単なる値と Maybe モナドの付いた値とを区別することが多い。

能美＜ Maybe モナドを T とすると、プログラム f は A から $T(B)$ への射で、型 A の値 a に対する計算が成功した場合の結果が型 B の値 b であれば $f(a) =$ Just b で、失敗すれば $f(a) =$ Nothing ということだな。

西郷＜同様にプログラム g は B から $T(C)$ への射だとしよう。このとき、f と g とを連結したプログラム、すなわち f の出力を g の入力として受け取るような一連の流れがどうなるかが問題だ。

能美＜まさにさっき言っていた分岐の話だな。a を f に渡して計算が失敗すれば Nothing を返す。成功すれば得られた値 b を g に渡して計算を行い、失敗すれば Nothing を返し、成功すれば得られた値 c を返すという動作になる。

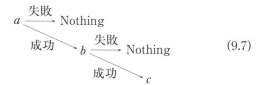 (9.7)

西郷＜基本的には成功するか失敗するかという一回だけの分岐だった話がこうもややこしくなってしまったのは、f が $T(B)$ への射である一方で g が B からの射であるという不一致が本質だ。これを解決するのが Kleisli 圏における射の合成、あるいは Kleisli 圏から元の圏への関手 G だ。

能美＜圏 $\mathcal{C}_T$ の射 $X_T \xrightarrow{a_T} Y_T$ に対して圏 $\mathcal{C}$ の射 $T(X) \xrightarrow{\mu_Y \circ T(a)} T(Y)$ を対応させる関手だったな。なるほど、これを $B \xrightarrow{g} T(C)$ に適用すれば $T(B) \xrightarrow{\mu_C \circ T(g)} T(C)$ となって、$A \xrightarrow{f} T(B)$ と合成できる形になるわけか。

西郷＜G によって得られるこの対応は「値から失敗かもしれない値へのプログラム」を「失敗かもしれない値から失敗かもしれない値へのプログラム」へと変換するものと言える。より具体的にいうと、この場合対応する $\tilde{g} = \mu_C \circ T(g)$ は

$$\tilde{g}(x) = \begin{cases} \text{Nothing} & x = \text{Nothing} \\ g(b) & x = \text{Just } b \end{cases}$$

と Nothing を扱えるかたちへと拡張されている。

能美＜g に値を渡すときに f の結果が成功しているか失敗しているかの場合分けがいらなくなるということか。

西郷＜特に重要なのは、g を作っておけば $B \xrightarrow{g} T(C)$ から $T(B) \xrightarrow{\tilde{g}} T(C)$ への拡張はモナドによって自動的に行われ、プログラマが頭を悩ます必要はないということだ。

さて、この拡張において重要な役割を担っているのが自然変換 $TT \overset{\mu}{\Longrightarrow} T$ だ。これは計算効果付きの「計算効果付きの値」から計算効果付きの値への対応と言えて、今の場合だと失敗かもしれない「失敗かもしれない値」から失敗かもしれない値への対応だ。

能美＜何を言っているのかさっぱりだよ。

西郷＜g が何をしているのかをちゃんと追っていけばわかる。もともとの $B \overset{g}{\longrightarrow} T(C)$ は型 B の値を受け取って Nothing か型 C の値かを返すプログラムだから、これを T でうつした $T(B) \overset{T(g)}{\longrightarrow} T(T(C))$ は

$$T(g)(x) = \begin{cases} \text{Nothing} & x = \text{Nothing} \\ g(b) & x = \text{Just } b \end{cases}$$

ということになる。g 自体も内部で成功か失敗かの場合分けを行っているわけだから、$T(g)$ は二重の分岐を行っていることになる。

能美＜最初にやっていたややこしい分岐 (9.7) はここに押し込められていたのか。

西郷＜ここで終わりだと面倒な部分を単に覆い隠しているだけだけれど、自然変換 μ によってこれが単純化される。$\mu_C \circ T(g)$ のはたらきは、$x = \text{Just } b$ で g の計算が成功した場合に型 C の値を返し、それ以外の場合に Nothing を返すものとなる。

能美＜なるほど、Maybe モナドの本質は成功か失敗かの分岐で、

μが重なった分岐を「すべて成功した場合」と「一つでも
失敗した場合」とにまとめているということか。

西郷＜この「まとめる」という作用について一番わかりやすい例
は **List モナド**（**List monad**）だろうな。List モナドは、
その名の通り同じ型の値だけから成るリストを生成する。
たとえば [1,2,3] というのは整数型のリスト、["a","b","c"]
というのは文字型のリストだ。このとき自然変換 μ はリス
トのリストからリストを作る。

能美＜は？

西郷＜要は [[1,2],[3]] のように入れ子となったリストを [1,2,3]
に変換するものだ。

能美＜となると、モナドの結合律が意味しているところは、こう
いった入れ子となった計算効果を一つに潰していく際にそ
の操作が潰す順序に依らないということだな。

計算効果とモナドと Haskell

西郷＜ちなみに自然変換 μ は値を計算効果付きの値に変換する
もので、型 A の値 a を Maybe モナドの u でうつすと Just
a に、List モナドの u でうつすと [a] となる。さてこのあ
たりで **Haskell** を例にとって実際のプログラム言語でモナ
ドがどう実装されているかを見て終わろう。Haskell にお
けるモナドの主要な構成要素は **>>=** および **return** の二
つだ [3]。まず簡単な **return** の方から見ていこう。関数の

---

[3] 実際にはこれらに加えて **fail**、**>>** が定義されるが、ここでは割愛する。

方としては $A \to T(A)$ だが、ここからはより Haskell らしい雰囲気を出すために **a -> m a** と書くことにしよう。**a** が型、より正確にはいろいろと具体的な型をあてはめられることから**型変数**と呼ばれるものを表し、**m a** が計算効果 **m** のついた値を表す。関数の型からもわかる通り、**return** は自然変換 u に相当する[4]。

能美＜ではもう一方の **>>=** はモナドの二項演算 μ に対応するのか？

西郷＜いやそうではない。**>>=** は「モナドの付いた値に関数を適用させる仕組み」を表す。

能美＜なるほど、計算効果と関数適用との関係か。プログラムを使う立場からすればこちらの方がより自然な考えだな。

西郷＜ **>>=** は中置演算子で、左側にモナド付きの値、右側に値からモナド付きの値への関数をおいて使う。**>>=** の型は **m a -> (a -> m b) -> m b** だ。

能美＜第二引数の「値からモナド付きの値への関数」**a -> m b** は Kleisli 圏の射だな。関数 **f :: a -> m b** に対して **>>= f** は **m a -> m b** の型になるから、**f** に対する **>>=** の作用はちょうど関手 G の作用に相当するな。

西郷＜そして圏論でのモナドの定義と対応するのが次の**モナド則** (monad law) だ。以下 **a** は値、**m** はモナド付きの値、**f**,

---

[4] 自然変換 u では適用する対象によってその成分を u_X, u_Y などと書き分ける一方で、**return** はどの型に対しても同じ **return** という関数を用いる。こういった、一つの型でなく複数の型に対して定義されている関数を**多相関数**と呼び、一つの型に対してのみ定義されている関数を**単相関数**と呼ぶ。

255

gは値からモナド付きの値への関数だとする。また**f a**と書いたら、関数**f**に値**a**を入力して得られる出力を表す。これはモナド付きの値だ。

1. **return a >>= f**は**f a**に等しい。

2. **m >>= return**は**m**に等しい。

3. **(m >>= f) >>= g**は、値**x**に対して**f x >>= g**を返す関数を**h**としたとき**m >>= h**に等しい。

能美＜圏論のモナドの定義では結合律があったが、ここで出てきた三つ目の条件は関数合成の話のようじゃないか。

西郷＜**h**の中に**>>=**が含まれていることを考えれば**>>=**についての結合律といえる。この条件の意味するところは「モナド付きの値**m**を**f**に入力して得られた出力を**g**に渡して得られる結果」と「**f, g**の合成**h**に**m**を入力して得られる結果」とが等しいということだから、要は Kleisli 圏の射の合成がうまく定義できるということを保証する条件で、君の言うとおり関数合成の話だ。とはいえ Kleisli 圏の射の合成はモナドの二項演算 μ の結合律に依っているわけだから、三番目の条件を**結合律**と呼ぶことに問題はないだろう。まあ一つ一つ圏論との対応を見ていこうじゃないか。関数**f :: a -> m b**のことを射 $A \xrightarrow{\ f\ } T(B)$ で表すことにする。一つ目の条件について、**return** が u_A、**>>= f** が $G(f_T) = \mu_B \circ T(f)$ に対応するから、$\mu_B \circ T(f) \circ u_A$ について考えれば良いけれど、これは u

の自然性によって

$$\mu_B \circ T(f) \circ u_A = \mu_B \circ u_{T(B)} \circ f$$

と変形できる。モナドの単位律によって $\mu_B \circ u_{T(B)} = 1_{T(B)}$ だから、これは f に等しい。二つ目の条件については、まず **>>= return** が $G((u_A)_T)$ に相当することに注意すれば、$(u_A)_T$ は Kleisli 圏における恒等射だったから G の関手性によってこれは $1_{T(A)}$ となる。つまり **>>= return** はモナド付きの値についての恒等射ということで、これで終わりだ。

能美＜ G で恒等射が恒等射にうつることの裏側には $\mu_A \circ T(u_A) = 1_{T(A)}$ があったから、一つ目、二つ目の条件はどちらも単位律がベースになっているわけか。

西郷＜それぞれ $\mu \circ Tu = 1_T$, $\mu \circ uT = 1_T$ が基になっているから、それぞれ**左単位律**（**left identity law**）、**右単位律**（**right identity law**）と呼ばれる。最後の結合律についてはまず **h** の方から考える。**>>= g** が $\mu_C \circ T(g)$ に相当するから、値 **x** に対して **f x >>= g** を返すような関数 **h** は $\mu_C \circ T(g) \circ f$ に相当する。したがって **>>= h** は $\mu_C \circ T(\mu_C \circ T(g) \circ f)$ で表すことができる。これは、T の関手性を用いて合成をばらして、さらに μ の結合律を用いることで

$$\mu_C \circ T(\mu_C \circ T(g) \circ f)$$

257

$$= \mu_C \circ T(\mu_C) \circ T(T(g)) \circ T(f)$$
$$= \mu_C \circ \mu_{T(C)} \circ T(T(g)) \circ T(f)$$

と変形できる。μ の自然性により

$$\mu_{T(C)} \circ T(T(g)) = T(g) \circ \mu_B$$

だから結局

$$\mu_C \circ T(\mu_C \circ T(g) \circ f)$$
$$= \mu_C \circ T(g) \circ \mu_B \circ T(f)$$
$$= G(g_T) \circ G(f_T)$$

だ。

能美＜最終的に **>>= f** と **>>= g** との合成になったな。何となく
だが、モナドのイメージは掴めてきたような気がする。
Kleisli 圏にしても、「分岐するプロセス」の記述に良く向
いている枠組みだということなんだろうな。だが理解して
しまえば「なんだそんなことか」という感じもするが。

西郷＜君はプログラムになじみがあるから、この例のみを理解し
て「なんだそんなことか」と思ってしまうかも知れないが、
実はこの応用例は圏論の歴史から考えると比較的新しいも
ので、他にもホモロジー代数をはじめ現代数学のさまざま
な場面における「代数学的」な状況を統一的に理解するな
ど、ここで挙げきれないほどの効用を持っている。自分が
馴染みのない領域の話を理解しようとするうえで、ああこ

れもモナドなんだなという気分があるのとないのでは大違いだろう。

能美＜プログラマがプログラムの話におけるモナドを理解するため「だけ」にがんばって圏論を理解しようと思うと、「なんだ当然の話じゃないか」と落胆するかも知れないが、非常に一般的な思考法が凝縮されているから、他の分野の理解にもつながるということなんだな。

西郷＜逆に私などはプログラムの世界には縁遠く、敬遠し続けてきたくちだが、モナドのおかげで「なるほどなあ」とイメージが掴めたし、感銘を受けた。君は「当然」というが、しかしそれを「当然」のレベルにまで持ってきた先駆者たちのなんと偉大なことだろう。ここでもつねに真の主役は「縁の下の力持ち」というべき自然変換であり、数学始まって以来われわれはそれの中で日々生き抜いていながらそれを言い表す言葉を知らなかったのだ。圏論が、それを言い表すことを可能にした。

能美＜計算機という「他者」との関わりのなかでそういう構造が見えてくるというのも面白いところだな。

西郷＜さらにいえば、計算機どころかあらゆる自然現象との関わり、そして人間どうしの関わりのなかにおいてもきっと自然変換的なプロセスが大活躍しているに違いない。必要ならばそれらを言い表す言葉をさらに良いものにし、そしてより見事に活用する道を探してみたいものだ。

計算効果とは「計算する過程で発生する計算以外の部分」。モナドを用いると、この計算効果というものの一部を上手に捉えることができる。モナドの考え方を備えた言語を使うと、プログラマは計算したいことに集中できる。

●プログラムの実行は「失敗」することがある。

●失敗は連鎖する。上手に取り扱わないと、見通しも悪くバグの温床となる。

●この問題をモナドで解決する！（Moggi）

Moggi は、計算効果を含んだプログラムを Kleisli 圏の射とみなすことによって、圏論的に物事をうまく取り扱う方法を提唱した。

計算効果をモナドによって捉えると、モナドにおける自然変換 μ が「分岐をうまくまとめる」重要な働きをすることがわかる。

●例えば「Maybe モナド」の本質は成功か失敗かの分岐で、μ が重なった分岐を「すべて成功した場合」と「一つでも失敗した場合」とにまとめている。

Haskell における「モナド則」は圏論におけるモナドの定義から直ちに出てくる。

●そして、そのモナドの定義には自然変換が必要となる。
　⇒本書の主題「自然変換」の意義！

第 10 章

道案内の後に

能美十三を道連れにした道案内もようやくこれで終わりである。道案内のやっかいなところは、苦労して道を教え、相手も喜び、そして別れた後しばらくしてふと「あれを言い忘れた」「間違ったことを教えてしまった」と気づいたりすることである。もちろん故意に間違いを教えるわけでもないし、先月までそこにあった店が移転したりという不可抗力もある。しかしそうだとしても、今更修正がきかないというのはとても後味が悪いものである。

　本書はどうだろうか。なるべく間違いのないよう、またミスリードしないようにと気を配ったつもりではあるが、専門家でもない私のことであるから「とんでもない間違い」「ひどいミスリード」も多々あろうかと思う。読者にはどうかご寛恕願いたい。

　しかし、道案内が難しいのは何もわれわれのような凡夫に限らないようである。かのゴータマ・ブッダの道案内を受けてさえ、相手がいつも目的地にたどりついたわけでもないようなのだ。もちろんここで道案内というのは、悟りに至る道の指導ということであるが。

　石飛道子氏の『「空」の発見』（サンガ，2017）という本に、こんな話が書いてある[*1]。ブッダはずいぶんいろいろな人と対話をしており、なかには私の同業者みたいな人物が登場する。「算術家モッガラーナ」という人である。

　算術家というのはちょっとよくわからないが、おそらく数学的な何かで生計を営んでいたのであろう。このモッガラーナ氏が、

[*1]　第 2 章『喩えて語る人なれば』。

ブッダにこう話しかける。

> わたしたち算術で生計を立てる者は、計算において、順序
> だった鍛錬、順序だった所作、順序だった行うべき道があり
> ます [*2]

と。そして、ゴータマ氏よ、あなたも悟りへの道を説くのに順序
だって説くんですか、と聞いたのだ。それに対し、ブッダは見事
に悟りへの道案内を説いた。

　モッガラーナ氏は非常に感銘を受け、「これは素晴らしい、こ
んなに素晴らしい方法があるんなら、さぞお弟子さんは皆悟るに
違いないですね」と聞いた。それに対しブッダいわく「そうでは
ありません」。ブッダは概ね次のようなことを述べた。

　──あなたに道案内を頼んだ人がいるとしましょう。その人に
道を順序だてて教えるのですが、その人は教えた道と反対に行っ
てしまいます。それとは別な人に教えると、今度は道案内通りに
行ってちゃんと目的地にたどり着けました。さて、いったいなぜ、
ひとりは迷い、ひとりはたどり着けたのでしょうか、と。

　モッガラーナ氏は「そんなこと言われても」と言う。道案内の
あと、ちゃんとそれに従って行くかは本人次第でしょうし、と。
そしてブッダは言う「私もそれと同じですよ。悟りへの道を教
えるだけなのです。本人が行くかは本人次第です」。それでモッ

[*2]　石飛道子『「空」の発見』、サンガ、2017

ガラーナは大変感激し、ブッダの在家信者となったというのである。

　——と、こういうと、読者の中には怒りだす人がいるかもしれない。おまえ（西郷）は、読んでわからないのは読者が悪いというのか！と。仏教徒の方々からは、おまえは自分をブッダと同じようだとでもいうのか！とお叱りをうけそうである。しかし、私の言いたいのは決してそういうことではないのである。もう少し辛抱して聞いてください。

　石飛氏はこう続ける。

　　どうして、そんなに感動したのでしょうか。たしかにもっともな説明ですし、喩えもわかりやすいでしょう。でも、在家信者になってしまうほど感銘を受ける喩えでしょうか。経典の内容は、わたしにはいささか謎めいて見えたのです [3]。

たしかに、言われてみればその通りだ。私は恥ずかしながらまったく考えてもみなかった。石飛氏は、この謎が『チャーンドギヤ・ウパニシャッド』という、おそらくモッガラーナやブッダがよく知っていただろう聖典の中に出てくる喩えがヒントになって解けたという。

　それはこんな喩え話である。

---

[3]　前掲書。

ある男を目隠ししてガンダーラ国から連れてきて、無人の地に放ったとしよう。そうすると、目隠しのままの男は、東西南北定めなく木の葉のようにさまようだろう。

　そのとき、ある人が目隠しを解いてやって、その男にガンダーラ国の方角を教え、そちらに行くように勧めたとしよう。そうすると、その男に学問や才覚があるなら、いずれガンダーラ国に戻ることができるだろう。このように、師匠をもった人間だけが、「たとえ長くかかっても必ず解脱することができる」という確信をもつことができるのだ[*4]。

　そして石飛氏は、この喩えがモッガラーナの頭の中にあったからこそ、そしてブッダがそれを踏まえて先の道案内の喩えを持ち出したからこそ深く感動したのではないか、と述べる。私は、この圏論の道案内を終えるにあたり、自分の力不足を嘆いていた時にふとこの話を思い出し、大いに励まされた。

　そうだ、この本をここまで読み進めるような読者であれば、自分では気づいていなくても必ずや素晴らしい素質を備えているに違いない。私はブッダとは異なりきっちりと道案内ができているわけではないだろうし、残念ながら間違いも多々あるだろう。しかし、＜目隠しを解いてやって＞＜方角を教え＞＜そちらに行くように勧め＞るくらいのことはできたのではないかと思う。私は読者の皆さんの師匠ではもちろんないが、＜たとえ長くかかって

[*4]　前掲書。

も必ず＞理解することができるという感覚を少しでも持っていただけたら嬉しいのだが。いや、それも欲張りすぎか。とにかく「自然変換が重要だ」という、この八字さえ心に刻んでいただければ、それでよい。

　さて、そういう風に言い切ってしまえば心も少しは楽になるというものだ。この本が十全な道案内にはなっていない、ということについてもうひとつ懺悔しておきたい。それは、数々の「張り巡らされた伏線」が回収されないまま本書を終えようとしているということだ。いや、そもそも伏線を回収しようなどというのが傲慢だったかもしれない。むしろ、ここまで読み進めてこられた読者であれば、必要に応じ他のより本格的な書物に取り組む中で「ああ、これのことだったのか」と謎が解けることもあろうかと思うのだ。だから、もう何も言わずに終わろうかとも思ったのであるが、せっかくであるから、「回収されなかった伏線」の所在をいくつか思いつくままに述べて、＜そちらに行くように勧め＞ることにしよう。

　自然変換、関手圏、自然同値、圏同値の定義くらいまでは気持ちが張り詰めていたためか、回収されなかった伏線は余りないのだが、それらの例については本来もっと多くを語るつもりだったのである。

　たとえば第4章では、前順序集合 P について関手圏 $\mathrm{Fun}(P, \mathbf{Set})$ を考えていたりして、そのイメージも語っているのだが、これは本当は第7章につなぐつもりでいた。前順序集合に限らず、一般の圏 $\mathcal{C}$ について $\mathrm{Fun}(\mathcal{C}, \mathbf{Set})$ はトポスとなるという著しい

性質があるのである。これにより、「時や文脈に応じて変化する集合」について「ほぼ集合論」ができる、ということだ。ほぼ、というのは、「AかAでないかのどちらかだ」という「排中律」を用いない限りはいつもの集合論と同じように扱えるという意味である。このあたり、量子論の基礎に関する最近の研究などにも絡んでいるし、個人的には仏教哲学の「論理」を理解するためにも役立つと考えているのだが、興味のない読者も多いだろうと思い、この伏線は回収しないことにした。またどこかでこの話に出会ったら思い出してもらいたい。

ちなみに、あと少し頑張ると、「連続体仮説」という「自然数全体の濃度より真に大きく実数全体の濃度より真に小さい濃度をもつ集合はあるのか？」という問いに対する衝撃的な回答（Paul Cohen による）の話もきれいに理解できる。いろいろ調べてみると楽しいだろう。また、**RepG** の話ももっと膨らませて、第9章に出てくるモノイダル圏の構造の話につないだりするつもりだった。残念である。

それから第5章では、最初計画したほど線型代数の話ができなかった。我々の目論見はそこからいわゆるホモロジー代数をもっと実質的に話すつもりだったが、しんどくなってやめてしまった。それから、一般射圏の話ももっとしておけば良かった気もする。とくに、その簡単な例である「スライス圏」や「コスライス圏」の話をしたかった。でもそれをやってしまうと、トポスの話につなぐ欲が出たり、我田引水的に布山美慕氏と私がぶちあげた「比喩の理論」の話もしたくなって我慢できなさそうなので断然放置

することにした。一般射圏は随伴を Set に依存しない形で書くためにそもそも考えられたものなのに、そこらへんについてちゃんと言えなかったのも残念である。まあ、こうした入門書で一般射圏を活用しようとした心意気を買っていただければと思っている。

　第6章は冪の話。せっかく CCC の不動点定理を言ったのだから、そこから不完全性定理くらいまで話せばよかったのかもしれない。しかし、ミスリーディングにならないように道案内できるほど私は分かっていないので、これは仕方ない選択であったと思う。ラッセルのパラドクスくらいはちゃんとやればよかった気もするが、読者に丸投げするのでよいバランスかなという気もする。それから、圏の圏が CCC だという話もすればよかったのかもしれない。圏の積はあとの第8章で定義されるし、冪は関手圏なのでとても良い流れなのであるが。しかし、昔『圏論の歩き方』という本で私と小嶋泉氏の記事で取ったこの話の流れがたいそう難解だと言われたのでやめることにした。

　それに続く第7章は、すでに述べたあたりのことを除けば割合簡潔にまとまっていてよいのではないかと思っているが、第8章と第9章については、もう「すみません」というしかない。お前はガロア接続の話もしないのかとか、モナドとホモロジーの話をしなくてどうするとか、炎上する気もするのだが（炎上させるほど圏論人口はまだ多くないかもしれないが）、あらかじめ言っておきたい。すみません。ごめんなさい。ただまあ、モナドの定義がわかるだけでも、ずいぶんお得感はあるのではないかと思って

いる。

　ほかにもいろいろあるが、これくらいにしておこう（あ、そういえば高次元圏のこともまったく触れられなかった）。しかしまあ、考えてみればふつう道案内というのは相手を目的地まで完璧に連れていくわけではない。困ったらそこでまた他人に聞けばいいのである。ここまで読み進めてこられた読者であれば、定評ある圏論の本にも無理なく取り組めるのではないかと思う。

　たとえば、レンスターの『ベーシック圏論』[*5] やアウディの『圏論』[*6] などは非常に評判が良いようだ。アウディのものは私も2011 年の春（英語版で）Piet Hut 氏、Jeff Ames 氏、中村晃一氏らと共にセミナーを行ったことがあり、その教育的な進め方に感銘を受けた。ただ、教育的すぎて自然変換の登場が後回しになっているため、「自然変換が重要だ」の八字が読者に残りにくいのではないかという気もした。もちろん読破すればそんなことはないのだと思うが、やはり他分野の多忙な研究者にとっては、途中でドロップアウトする人が多いのではないか。しかし本書を読んでからこれらの本を読めば、実は最初のほうから自然変換が活躍していることに気づくであろう。

　それから、自分も執筆に参加している本なのであまり強烈に推薦するのもどうかと思うが、出版から数年を経て読み直してみたとき、『圏論の歩き方』[*7] はやはりいい本なのではないかと思う。

[*5]　トム・レンスター著，斎藤恭司監修，土岡俊介訳，丸善出版，2017
[*6]　スティーブ・アウディ著，前原和寿訳，共立出版，2015
[*7]　圏論の歩き方委員会編，日本評論社，2015

圏・関手・自然変換の感覚がわかってきた読者が読むと、実は非常に教育的な本だということに気が付くかもしれない（希望的観測）。

そして、やはり個人的に外せないのはマックレーンの『圏論の基礎』[8] である。初版はずいぶん前に出たものでもあり、いわゆる教科書としては評価が分かれるかも知れない。しかし、やはり随所に創始者らしさが出ていて、学ぶところが多い。もちろんこの本は本来 Working Mathematician のために書かれているから（原題は Categories for the Working Mathemaician だ）、「数学には圏論の諸概念の例や応用がこんなにある」ということを強調している。だから、「この例をすべてわからなければ圏論などおぼつかない」と思わせてしまうかも知れない（実際そのような声も聞くことがある）。しかし、そもそも本というものはすべてを分からなければいけないものなのだろうか。読書百遍義おのずから見るというのは、それぐらい読まないといけないというより、そもそも一遍読んだくらいで意味は通じないのだから慌てずに読み進めていけばよいということだと私は意味づけている。そういうゆったりした気持ちで読むと、実に楽しい本にも見えてくるのである。とはいえ、扱われている例は高度なものが多いから、同じ著者の『数学：その形式と機能』[9] を読んでみるのもよいかもしれない。数学全般にわたる著者の透徹した解説があり、その終わ

---

[8] Saunders Mac Lane 著，"Categories for the Working Mathematician"（2nd ed.），Springer-Verlag,2013（邦訳：三好博之／高木理訳，丸善出版，2012）

[9] 第 1 章参照。

りから二番目の章に圏の話もある。

これは私の偏見かも知れないが、完璧にマスターしようなどと肩に力を入れるのをやめて読めば、創始者の文献というのは現代から見ても含蓄の深いものが多い。故・飛田武幸氏は、その恩師である故・伊藤清氏が繰り返されたアドバイスとして「流行を追うな」と並び「Originator を Follow せよ（創始者の足跡を追え）」との言葉をしばしば引用された。以来私はできるだけ流行を追わないように注意してきたし、圏論なども私の周りでは（恩師である小嶋泉氏らを除けば）全くマイナーなテーマとして片付けられていた（もちろん、圏論を駆使する数学者の間では常識であったわけだろうが）。単に「特段論文を書く役に立ちそうにもないが、非常に素晴らしい考えがそこにあるので学ぶ」というだけであった。それが、私の圏論修行はまさに牛のような歩みで流行に追い越され、形としては流行を追う形になってしまっている。実に決まりの悪いことである。せめて創始者の足跡を追うということを強調して、先達の恩にわずかながらでも応えたいと思う。

先達、という言葉が図らずも出てきて、わたしはどきりとした。本書は徒然草の＜先達はあらまほしきことなり＞という話から始まったのであった。まことに、良い先達に巡りあうことほどの幸運はほかにないだろう。

私（西郷）の場合、その先達として真っ先に恩師である小嶋泉氏をあげたい。小嶋氏は物理学者の立場から圏論の重要性を以前から強調し、モナドや随伴の概念を踏まえた「四項図式」「ミクロ・マクロ双対性」というキーコンセプトのもとで多分野にわたる縦

横無尽な思考を続けて来られた。小嶋氏の研究室に入るまで、わたしの「圏論好き」はどちらかというと人に知られないほうがよいもののように思っていたが、同学年の原田僚氏と三人のセミナー、さらに後には安藤浩志氏、長谷部高広氏、岡村和弥氏を加えた六人のセミナーは私にとってオアシスのようであった。

　他にもお世話になった先達は数限りなくおられ、公平にお名前をあげることは原理的に不可能であるが、「圏論関係者」の先達として、まずは『圏論の歩き方』執筆等の際にもお世話になった長谷川真人氏、勝股審也氏、春名太一氏、そして実質上の「リーダー」でもあった蓮尾一郎氏のお名前をあげておきたい。そもそも『圏論の歩き方』のきっかけは天体物理学者 Piet Hut 氏が当時学生だった浦本武雄氏をカフェにて「圏論ナンパ」（「なかなか素敵な図式だね」との声掛け）したことに始まり、その Hut 氏が別の文脈で着目していた新進気鋭の研究者（であり私の重要な友人であった）故・村主崇行氏を通じ、一緒にカフェで圏の話をしようと言ってくれたことであった。Hut 氏は、その後 Bob Coecke, David Spivak 両氏ら、極左圏論主義者の「同志」たちとのつながりも作り出してくださった。Piet Hut 氏、浦本武雄氏、そして村主崇行氏に心から感謝する。

　さて何故私がそもそも圏論好きになったかといえば、先に名をあげたマックレーンの『数学：その形式と機能』をたまたま読んだときにその名前を知り、「これは本当に素晴らしい」と思ったからであった。当時大学生にもならなかった私が感動したのは、圏論というのは仏教的な思考と実に通底すると思ったからであ

る。私の父である文芸学者、故・西郷竹彦氏には仏教に対する非常に深い関心があり、家にも本が多数転がっていたのを子ども時代から拾い読みしていたのも、圏論入門への下準備だったのであろう。西郷竹彦氏に感謝する。

そういう普通でない子ども時代（そして今でも）、私のヒーローはナーガールジュナ（龍樹）氏、そしてもちろんゴータマ・ブッダ氏であった。両氏に感謝する。それから、算術家モッガラーナ氏にも。かれらの生き生きとした思考について多くをご教示くださった石飛道子氏にもお礼申し上げる。

本書を書く直接のきっかけは、他分野の数多くの研究者との出会いや圏論をめぐる議論であった。なかでも共同研究者である田口茂氏、土谷尚嗣氏、布山美慕氏、成瀬誠氏、堀裕和氏、Georg Northoff 氏から学んできたことは文字通り限りなく多い。また、最近共同研究を開始した池田駿介・高橋達二両氏にも感謝する。高橋氏は長谷川一郎氏とともに原稿の最終チェックにもご協力いただいた。心よりお礼申し上げる。

そして、言うまでもないことであるが、本書の編集者である技術評論社の成田恭実氏には何から何までお世話になった。本当にありがとうございます。また、本書の内容とも深いかかわりをもつ連載『しゃべくり線型代数』を「現代数学」誌に長期にわたり打ち切らずに励まし続けてくださっている現代数学社の富田淳氏にもこの場を借りてお礼申し上げたい。濱野美紗氏は長きにわたってこれらの原稿を精査し、有益なコメントを寄せてくださった。心から感謝する。

その他、あまりに多くの方々にお世話になった。直接に本書および圏論との強いかかわりがある（と私が気づいている）方々のみのお名前を挙げたのであって、お名前をあげていない方々に対する感謝の念は決して劣るものではない。なかでも家族・友人・学生・諸先輩、そして数々の「同志」たちには無限の感謝の念を捧げたい。これらの方々には、直接お会いしてその感謝の念をお伝えします。ただひとり敢えて名前を挙げさせていただければ、母・西郷京子氏に心から感謝する。この不確実な世界において確実にはっきりしていることのひとつは、彼女がいなければ本書はなかったということだからである。

　それから、共著者である能美十三に感謝する。著者が著者に感謝するのも奇妙だが、彼がいなければ本書がなかったこともまた、確実だからである（ちなみに能美十三は謝辞を書かない主義だそうである：おそらく万物に感謝する羽目になるからであろう）。

　最後に、本書をここまで読み進めてくださった、あなたに感謝します。

参考文献

1. 『数学：その形式と機能』，ソーンダース・マックレーン著，彌永昌吉監修，赤尾和男・岡本周一共訳，森北出版，1992

2. 『現象学という思考：〈自明なもの〉の知へ』，田口茂著，筑摩選書，2014

3. 『ローマ人の格言88』，山下太郎著，牧野出版，2012

4. "Physics,Topology,Logic and Computation:A Rosetta Stone,in New structures for physics, Bob Coecke ed.,Springer-Verlag,Berlin Heidelberg,2011

5. "Categories for the Working Mathematician",Saunders Mac Lane著，(2nd ed.),Springer-Verlag,2013（邦訳：三好博之・高木理訳，丸善出版，2012）

6. 『圏論の基礎』，ソーンダース・マックレーン著，シュプリンガー・フェアラーク東京，2005

7. 『圏論 原著第2版』，スティーブ・アウディ著，前原和寿訳，共立出版，2015

8. 『ベーシック圏論』，トム・レンスター著，斎藤恭司監修，土岡俊介訳，丸善出版，2017

9. 『圏論の歩き方』，圏論の歩き方委員会編，日本評論社，2015

索引

■英字・記号

$(F \to G)$ ——— 179

$\langle F, G, \varepsilon, \eta \rangle$ ——— 225

$\langle X, \cdot, t \rangle$ ——— 185

$A-\mathrm{Mod}$ ——— 93

$A-\mathrm{Qua}$ ——— 87, 93

$A-\mathrm{Scal}$ ——— 90

A 上の量系 ——— 85

CCC ——— 196

$\mathrm{cod}(f)$ ——— 20

DiGraph ——— 66

$\mathrm{dom}(f)$ ——— 20

$\mathrm{End}(\mathcal{C})$ ——— 138

eval ——— 193

$f : X \to Y$ ——— 51

f^{-1} ——— 53

$\mathrm{Fun}(\mathcal{C}, \mathcal{D})$ ——— 112

$g \circ f$ ——— 23, 24

Haskell ——— 254

$\mathrm{Hom}_{\mathcal{C}}(X, Y)$ ——— 73

IsHilb ——— 99

Kleisli ——— 243

$K-\mathrm{Vect}$ ——— 94

List モナド (List monad) ——— 254

Maybe モナド (Maybe monad) — 251

Mon ——— 58

$\mathbb{N}-\mathrm{Qua}$ ——— 87

Qua ——— 79

$\mathrm{Rep}G$ ——— 144

Set ——— 73, 211

well−pointed ——— 213

■あ行

亜群 (groupoid) ——— 48

アンカリー化 (uncurrying) ——— 194

域 (domain) ——— 20

解 (equalizer) ——— 172

埋め込み (embedding) ——— 132

押し出し (push out) ——— 174

■か行

可換 (commutative) ——— 27

可換環 (commutative ring) ——— 93

可換数系 ——— 92

可換モノイド (commutative monoid)

——— 77

可逆 (invertible) ——— 37

加群 (module) ——— 93

カリー化 (currying) ——— 194

カルテジアン閉圏 (cartesian closed
category) ——— 196

環 (ring) ——— 93

関手 (functor) ——— 62

関手圏 (functor category) ——— 112

逆射 (inverse) ——— 37

逆写像 (inverse) ——— 53

共変関手 (covariant functor) ——— 71

行列表示 (matrix representation)

——— 169

極限 (limit) ——— 184

局所的に小さな（locally small）圏
————————————73

群（group）————————46

計算効果（computational effect）
————————————247

繋絡作用素————————141

結合律（associative law）————29

圏（category）————————18, 39

圏同値（categorically equivalent）
————————————118

余解（coequalizer）————————173
コイコライザ

広義の点全射（weakly point-
surjective）————————198

合成————————————23

合成（composition）————————24

恒等写像（identity）————————53

恒等射（identity）————————31

一般射圏（comma category）————179
コンマ

■さ行

三角等式（triangle equation）————225

$\mathcal{J}$型の図式（$\mathcal{J}$-type diagram）————183

$\mathcal{C}$上の自己関手（endofunctor on $\mathcal{C}$）
————————————136

$\mathcal{C}$の自己関手圏————————138

自己準同型（endomorphism）————82

自然数対象（natural numbers object）
————————————213

自然同値（natural equivalence）————113

自然変換（natural transformation）
————————————108

始対象（initial object）————————148

始点（origin, source）————————65

射（arrow, morphism）————————18

射影（projection）————————155

射圏（morphism category）————177

写像————————————51

集合（set）————————————40

集合圏（category of sets）————211

終対象（terminal object）————148

終点（destination, target）————65

充満（faithful）————————132

充満忠実（fully faithful）————132

初等トポス（elementary topos）————208

真（True）————————————209

真理値対象（truth value object）————209

垂直合成（vertical composition）————237

随伴関係（adjunction）————————225

水平合成（horizontal composition）
————————————236

数————————————85

数系————————————85

数による乗法————————85

スカラー量————————88

スカラー量系————————88

図式（diagram）————————27

積（product）————————154

積————————————161

積関手（product functor）————163

切断（section）————————211

零射（zero morphism）————165

零対象（zero object）————152

線型空間（linear space）————93

（K上の）線型表現
（linear representation）————94

全射（surjection）————————53

277

全射（epimorphism）————207

前順序関係（preorder relation）——40

前順序集合（preorder set）———40

全順序（total order）————42

選択公理（axiom of choice）——212

全単射（bijection）————53

双対圏（dual category）————71

■た行

体（field）————93

対角関手（diagonal functor）——183

対角射（diagonal morphism）——169

対象（object）————18

単位————88

単位元（unit）————45

単位律（identity law）————32

単射（injection）————53

単射（monomorphism）————207

小さな（small）圏————73

忠実（full）————132

頂点（vertex）————65

直和（direct sum）————167, 169

定関手（constant functor）———183

点全射————197

同型（isomorphic）————37

同型射（isomorphism）————37

同型を除いて一意（unique up to isomorphism）————150

特性射（characteristic morphism）
————208

トポス（topos）————204, 208

■な行

内積（inner product）————97

内包量（intensive quantity）———80

二項関係（binary relation）———41

入射（injection）————158

■は行

反変関手（contravariant functor）–71

半順序関係（partial order）————42

引き戻し（pull back）————173

左簡約可能（left cancellable）——207

左単位律（left identity law）——257

評価射（evaluation morphism）——193

ヒルベルト空間（Hilbert space）——99

フーリエ変換（Fourier transform）
————143

含まれる（included）————42

不動点（fixed point）————104, 199

部分集合（subset）————42

部分対象分類子（subobject classifier）
————208

部分適用（partial application）——194

ブラウワーの不動点定理————104

冪（exponential）————192

ベクトル空間（vector space）——94

辺（edge）————65

保存する（preserve）————230

hom 関手（hom functor）————74

ホモロジー（homology）————101

■ま行

右単位律（right identity law）——257

無限集合（infite set）————54

Maybe モナド（Maybe monad）— 251

モナド（monad）———— 241

モナド則（monad law）——— 255

モノイド（monoid）———— 45

モノイド準同型（monoid morphism）

———————————— 58

連続量系 ———————— 85

Lawvere の不動点定理 ———— 199

■や行

有限極限（finite limit）——— 175, 184

有限集合（finite set）———— 54

有限余極限（finite colimit）— 184

有向グラフ（directed graph）— 65

ユニタリ同値（unitary equivalence）

———————————— 142

ユニタリ表現（unitary representation）

———————————— 99

余域（codomain）————— 20

要素（element）————— 40

余極限（colimit）———— 184

余積（coproduct）———— 157

余対角射（codiagonal morphism）

———————————— 169

米田埋め込み（Yoneda embedding）

———————————— 132

米田の補題（Yoneda's lemma）— 131

■ら行

絡作用素（intertwiner）——— 141

離散圏（discrete category）—— 123

List モナド ————————— 254

量系 ————————— 78

量圏 ———————— 167

連続量 ———————— 85

著者プロフィール

西郷甲矢人：1983 年生まれ。長浜バイオ大学准教授。専門は数
理物理学（非可換確率論）。

能美　十三：1983 年生まれ。会社員。

数学への招待シリーズ
圏論の道案内
〜矢印でえがく数学の世界〜

2019年8月22日　初版　第 1 刷発行

著　者　西郷 甲矢人・能美 十三
発行者　片岡 巖
発行所　株式会社技術評論社
　　　　東京都新宿区市谷左内町21-13
　　　　電話　03-3513-6150　販売促進部
　　　　　　　03-3267-2270　書籍編集部

印刷・製本　昭和情報プロセス株式会社

装　丁　中村 友和（ROVARIS）
本文デザイン，DTP　株式会社ミヤプロ・渡辺尚登

本書の一部，または全部を著作権法の定める範囲を超え，無断で
複写，複製，転載，テープ化，ファイルに落とすことを禁じます。
©2019 西郷 甲矢人・能美 十三

> 造本には細心の注意を払っておりますが，万が一，乱丁（ページの乱れ）
> や落丁（ページの抜け）がございましたら，小社販売促進部までお送りく
> ださい。送料小社負担にてお取り替えいたします。

定価はカバーに表示してあります。
ISBN978-4-297-10723-9　C3041
Printed in Japan

> 本書に関する最新情報は，技術評論社
> ホームページ（https://gihyo.jp/）
> をご覧ください。
> 本書へのご意見，ご感想は，以下の宛
> 先へ書面にてお受けしております。
> 電話でのお問い合わせにはお答えいた
> しかねますので，あらかじめご了承く
> ださい。
>
> 〒 162-0846
> 東京都新宿区市谷左内町21-13
> 株式会社技術評論社 書籍編集部
> 『圏論の道案内』係
> FAX：03-3267-2271